建設業界の仕組みと労務管理

2024年問題

働き方改革・時間外労働上限規制

社会保険労務士法人 アスミル
特定社会保険労務士
櫻井 好美［著］

日本法令

はじめに

社会保険労務士という立場から建設業のお客様のお手伝いをすることが増え、知れば知るほど、この業界の成り立ち、奥深さ、そしてこの業界が私たちの生活にとっていかに重要な存在であるかということを感じるようになりました。そのなかで私自身がこの業界についてもっと横断的に学ばないといけないと強く感じたのは、社会保険未加入問題の実態を知った時でした。

社会保険労務士の立場で保険加入の相談というのは、決して難しいものではないのですが、建設業においては建設国保に加入されている方も多くいること、社会保険の適用事業所になったとしても適用除外申請というものがあることを知りました。社会保険のプロとして仕事をしていたつもりが、まだまだわからないことがあると知って、このままではお客様に適切なアドバイスができないと痛感しました。それだけではなく、働き方をみると明らかに「雇用」であると思っていた方が、実は一人親方であったりと、建設業の働き方には謎が深まるばかりです。雇用なのか請負なのかといった働き方の問題に加え、ゼネコン主体の大きな現場で働く方もいれば、工務店として一般のお客様を直接相手に働いている方もいて、現場ごとにも特性は異なります。一言で「建設業」といってもあまりにも幅が広く、それぞれの特性を理解しないと、適切なアドバイスをすることが難しいと知りました。

また、社会保険労務士の立場では、労務管理や保険のことが中心となりますが、建設業においては、建設業許可や外国人労働者の関係では行政書士の先生方、雇用と請負の問題については社会保険労務士側の労務上のリスクだけではなく、税務上のリスクも知る必要があり、税理士の先生方の知識も必要になります。さらには下請法に関しては弁護士の先生方との連携も重要です。そのため、この業界のお手伝いをするには、社会保険労務士という立場からの見方だけではなく、各士業の先生と連携をとらなければなりません。そして何よりも建設業のお客様のサポートをしていくためには、この業界の特徴を知り、個々の会社に寄り添いながら課題解決をしていくことが必要であると感じています。

今回、日本法令様よりこのようなご縁を頂き、まだまだ一部ではありますが、少しでもこの業界に関わる方や、業界を横断的に理解していただくことのお手伝いができればと思っております。

2023年11月

櫻井好美

凡　例

本書では、法令等の表記につき、本文等で以下のように省略しています。

正式名称	略　称
強くしなやかな国民生活の実現を図るための防災・減災等に資する国土強靭化基本法	国土強靭化基本法
建設工事従事者の安全及び健康の確保の推進に関する法律	建設職人基本法
公共工事の入札及び契約の適正化の促進に関する法律	入契法
公共工事の品質確保の促進に関する法律	品確法
育児休業、介護休業等育児又は家族介護を行う労働者の福祉に関する法律	育児・介護休業法
次世代育成支援対策推進法	次世代法
労働者派遣事業の適正な運営の確保及び派遣労働者の保護等に関する法律	労働者派遣法
女性の職業生活における活躍の推進に関する法律	女性活躍推進法
青少年の雇用の促進等に関する法律	若者雇用促進法
出入国管理及び難民認定法	入国管理法

※令和5年11月時点の法令に基づいています。

目次

第1章
建設業界の全体像を知る

第3章 建設業法からみる建設業

第４章
建設業の課題

第５章
適切な保険について

第６章 建設業の労務管理

第７章
働き方改革実現のために

第 1 章

建設業界の全体像を知る

I　建設業の社会的な役割

1 建設業の社会的な役割

日本は豊かな自然に恵まれたとても美しい国です。しかし、地震、台風、豪雨、豪雪等、非常に災害の多い国でもあります。東日本大震災、熊本地震、西日本・九州での豪雨災害と、常にどこかで災害が起きている状況であり、東日本大震災では1万5,900人もの死者が出ました。このような国土で「安心」「安全」「快適」な暮らしを守るために、防災・減災の対策を推進することは非常に重要です。また今後30年で南海トラフ地震や首都直下型地震が起きる確率は70%といわれています。実際、自分の身の回りで災害が起きてしまったら、生活のインフラが断絶され、住む場所にさえ困ることがあるのです。こうした災害時のインフラを真っ先に整備してくれるのが建設業に関わる人たちです。

もちろん、生活の基盤を支える道路、病院、公共施設、学校等の施工、また快適に暮らすための商業施設、私たちに夢を与えてくれるテーマパーク等にも建設業が関わっています。建設業は、私たちの暮らしや経済活動を支える必要不可欠な存在なのです。

にもかかわらず、建設業の人手不足は深刻な状況に陥っています。日本全体が少子高齢化による人手不足ですが、とりわけ建設就業者においては高齢化率が高く、若年者の入職も減っているため、担い手確保が急務です。

2 建設業界の企業規模と年齢構成

今、建設業は深刻な人手不足や超高齢化といった問題を抱えています。建設投資額は、ピーク時の平成 4 年度の約 84 兆円から平成 23 年度は約 42 兆円まで落ち込みましたが、令和 4 年度は約 67 兆円まで回復する見通しとなっています（►図表 1-1）。しかしながら、建設業就業者数については、令和 4 年平均は 479 万人となり、ピーク時から約 30％の低下と、減少を続けています。

■建設投資、許可業者数及び就業者数の推移　[図表 1-1]

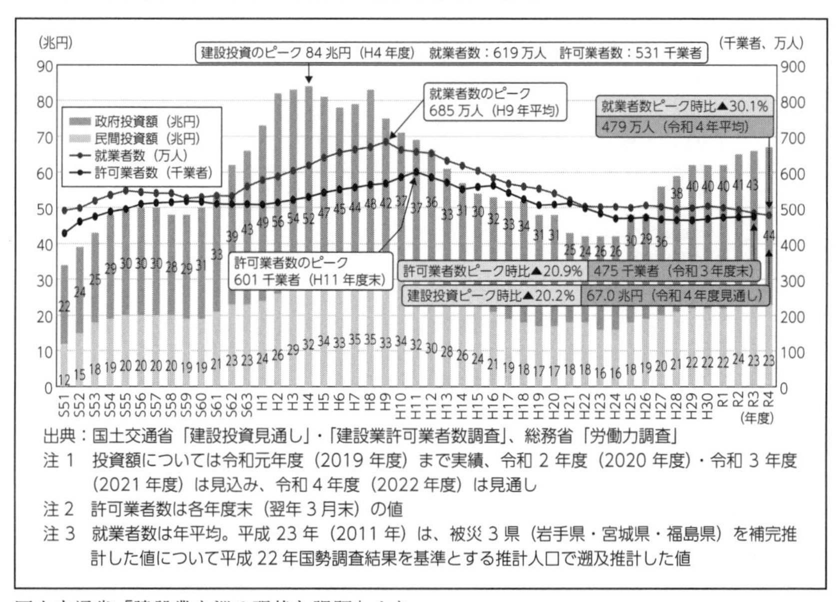

出典：国土交通省「建設投資見通し」・「建設業許可業者数調査」、総務省「労働力調査」
注 1　投資額については令和元年度（2019 年度）まで実績、令和 2 年度（2020 年度）・令和 3 年度（2021 年度）は見込み、令和 4 年度（2022 年度）は見通し
注 2　許可業者数は各年度末（翌年 3 月末）の値
注 3　就業者数は年平均。平成 23 年（2011 年）は、被災 3 県（岩手県・宮城県・福島県）を補完推計した値について平成 22 年国勢調査結果を基準とする推計人口で遡及推計した値

国土交通省「建設業を巡る現状と課題」より

年齢構成をみると、建設技能者数のうち60歳以上が占める割合は約26%となっており、これから10年後には建設技能者の1/4がいなくなってしまうという危機的な状況にあります（►図表1-2）。加えて、29歳以下の建設技能者数は全体の約12%という状況をみると、この業界の人手不足の深刻さを認識させられます。業界全体で取り組んでいかなければ、私たちの生活に支障をきたすおそれがあることを、本気で考えなくてはならない時期にきているのです。

■年齢階級別の建設技能者数 [図表1-2]

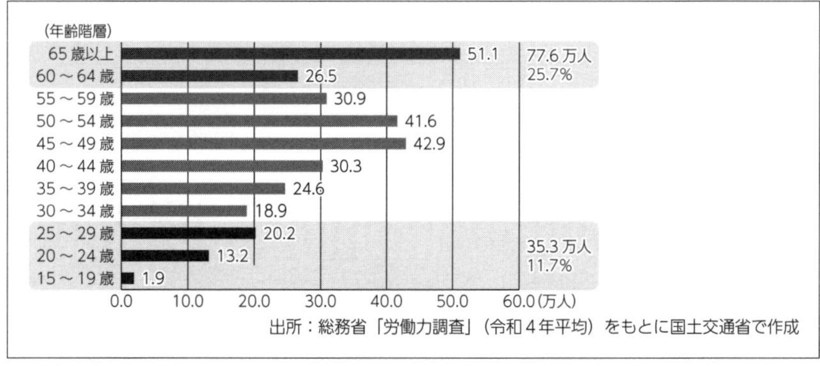

国土交通省「建設業を巡る現状と課題」より

II　建設業界の分類

1 町場・野丁場・新丁場とは

建設業と一言でいっても、大きな商業施設の建設に携わる人もいれば、個々人の住宅に携わる人もいます。現場によって働き方の特徴は異なり、この違いで呼び方も変わります。一般的に個人の住宅を扱う現場を「町場」、大きなビルの建設等に関わる人たちの現場を「野丁場」、そして、ハウスメーカーが元請となる現場を「新丁場」と呼んでいます。

■町場とは

個人の顧客や小規模の会社から仕事を請けることが多く、主に住宅工事や工務店が扱う現場のことを指します。江戸時代、住宅や商店が集まっている場所を「町場」と呼び、町場（1つの集落）の中での仕事は、同じ町の人に頼むことが習慣となっていました。そのため、家を建てるときは同じ町に住む大工に依頼をすることになります。また、家を建てる現場を「丁場」といいます。町場の丁場から町丁場となり、それを略して「町場」と呼ぶようになりました。

■野丁場とは

町場に対して、公共工事やゼネコンが扱う大規模工事を指します。江戸時代、お城の増改築などのように大規模で大勢の職人を集めて行う工事のことを「野丁場」と呼んでいたことに由来します。

野丁場と町場は現場の規模が違います。野丁場は工事ごとに分業化して行われ、元請・専門工事業者間のやりとりが中心となりますが、町場は顧客と直接やりとりすることが多いのも特徴です。

■新丁場とは

大手住宅メーカーが分譲住宅建築主であり、下請に町場の一人親方等を使うケースを「新丁場」といいます。町場と野丁場の特徴が混在しているといえます。

2 建設は土木と建築に分かれる

建設業は大きく「土木」と「建築」に分かれます。主に「土木」とは、トンネル、橋、ダム、河川、鉄道、高速道路等、人々が生活をする上で必要な基盤を整備する建設工事をいいます。それに対して「建築」とは、オフィスビル、マンション、工場、商業施設等の建物をつくる建設工事のことをいいます。

[図表 1-3]

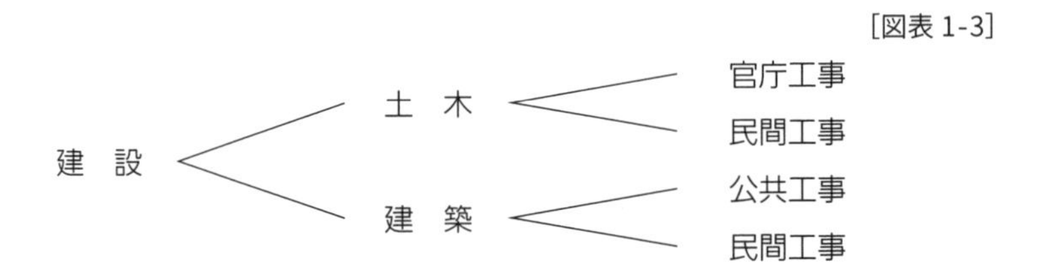

■建設投資の内訳

[図表 1-4]

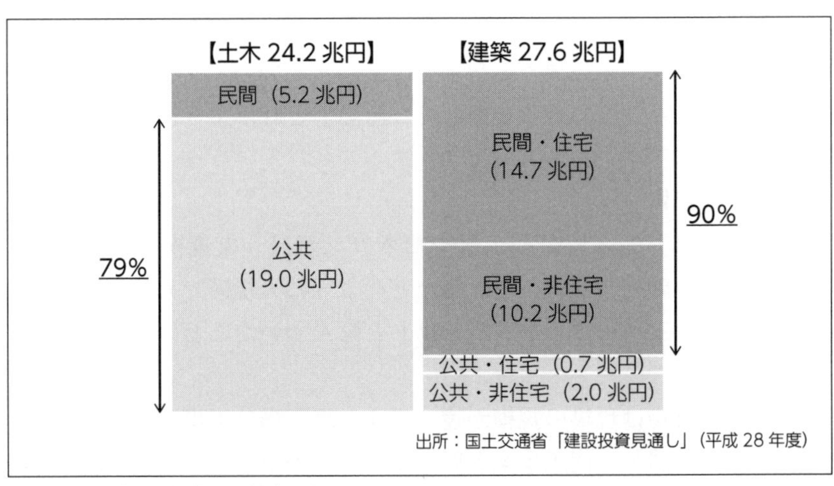

国土交通省「建設産業の現状」より

3 土木は官庁工事と民間工事に分かれる

官庁工事とは、国民の税金を財源とした工事です。そのため、国民が安心・安全に暮らすために必要な施設等をつくっています。主に、道路工事、河川工事、空港工事、港湾工事、鉄道工事、上下水道工事等があります。政府や地方公共団体が主体となって建設しています。

これに対し、民間工事は、企業や個人が費用を出して行う工事のことをいいます。住宅地や工場建設のための造成工事、商業施設の駐車場工事、電力会社の発電所工事、鉄道会社がレールをつくる軌道工事、ガス会社がガス管を配備する工事、高速道路会社が高速道路を建設・維持管理をする工事などをいいます。

■土木工事の内訳　[図表 1-5]

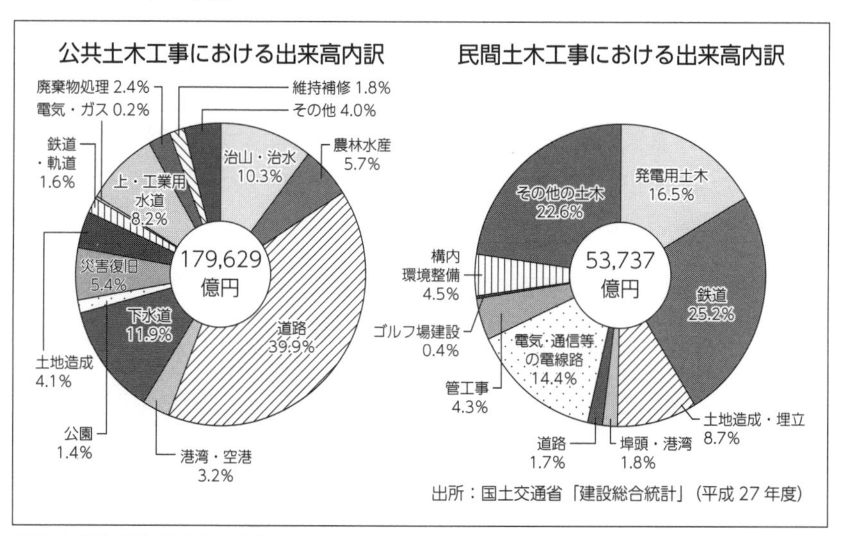

国土交通省「建設産業の現状」より

4 建築は公共工事と民間工事に分かれる

公共工事とは、国や都道府県、市区町村が税金を予算として行う工事のことをいいます。工事の例は、公立学校、公立病院、役場等です。

官庁が発注する工事は、一般的に入札により会社が選定されます。公共工事の工事発注までには、資格審査、入札、発注といった流れがあり、ここでいう資格審査が経営事項審査（以下、「経審」といいます）です。公共工事の入札に参加するには、建設業許可と経審が必須です。

民間工事とは、企業や個人の資金を財源として行う工事のことをいいます。財源が企業の資金の例は、オフィスビル、マンション、工場、店舗等です。個人の資金の例は、個人邸や賃貸マンション、アパート等です。

民間工事は、適正な品質を担保し、安全な建築物を企業や個人に提供することを目的に実施されます。民間工事に入札はないため、建設業許可は求められても経審までは必要ありません。どの専門工事に携わるかで必要な要件も変わるので、違いを理解しておくことが重要です。

■建築工事の内訳 [図表 1-6]

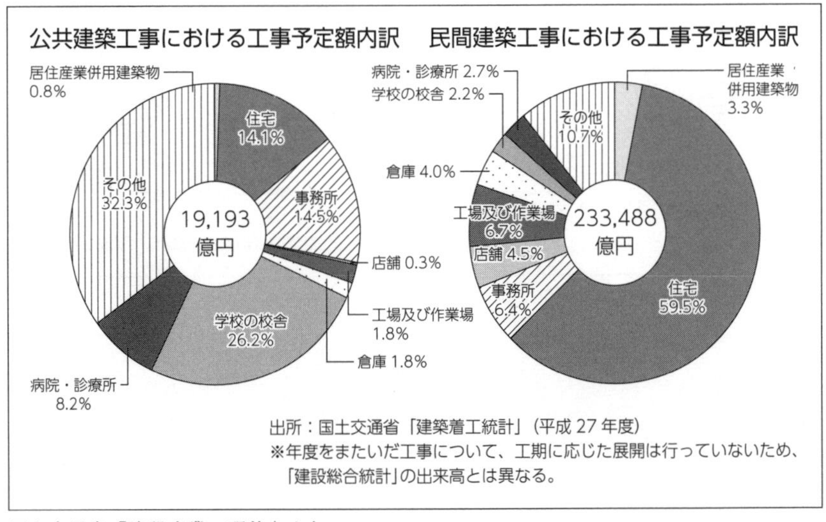

国土交通省「建設産業の現状」より

Ⅲ　重層下請構造の仕組み

1 重層下請構造とは

建設業においては、1つの会社がすべての施工を行うわけではありません。工事全体の総合的な管理監督機能を担う元請会社のもとに、中間的な施工管理や労務の提供、その他の直接工事を担う一次下請、二次下請、さらにそれ以下の次数の下請会社が連なって形成される重層下請構造になっています。

[図表 1-7]

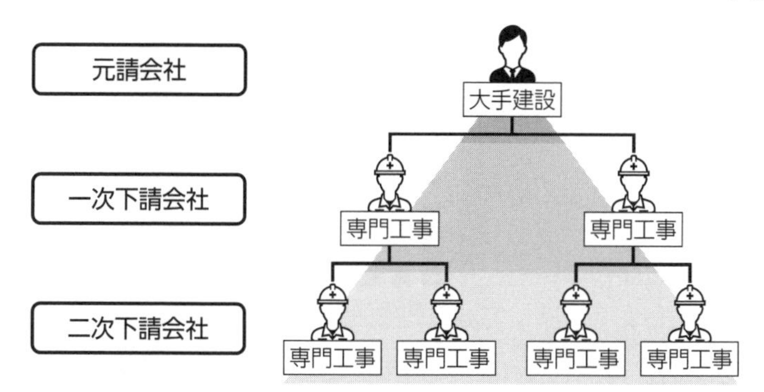

2 元請会社と下請会社の違い

元請とは、発注者から直接仕事を請け負うことをいいます。これに対して下請とは、元請から仕事を請け負うことをいいます。

元請会社は総合工事業者のことをいい、ゼネラル・コントラクターの略称のゼネコンと呼ばれています。基本的な仕事は、施工管理・原価管理・品質管理・工程管理・安全管理です。

■建設業の重層下請構造

[図表 1-8]

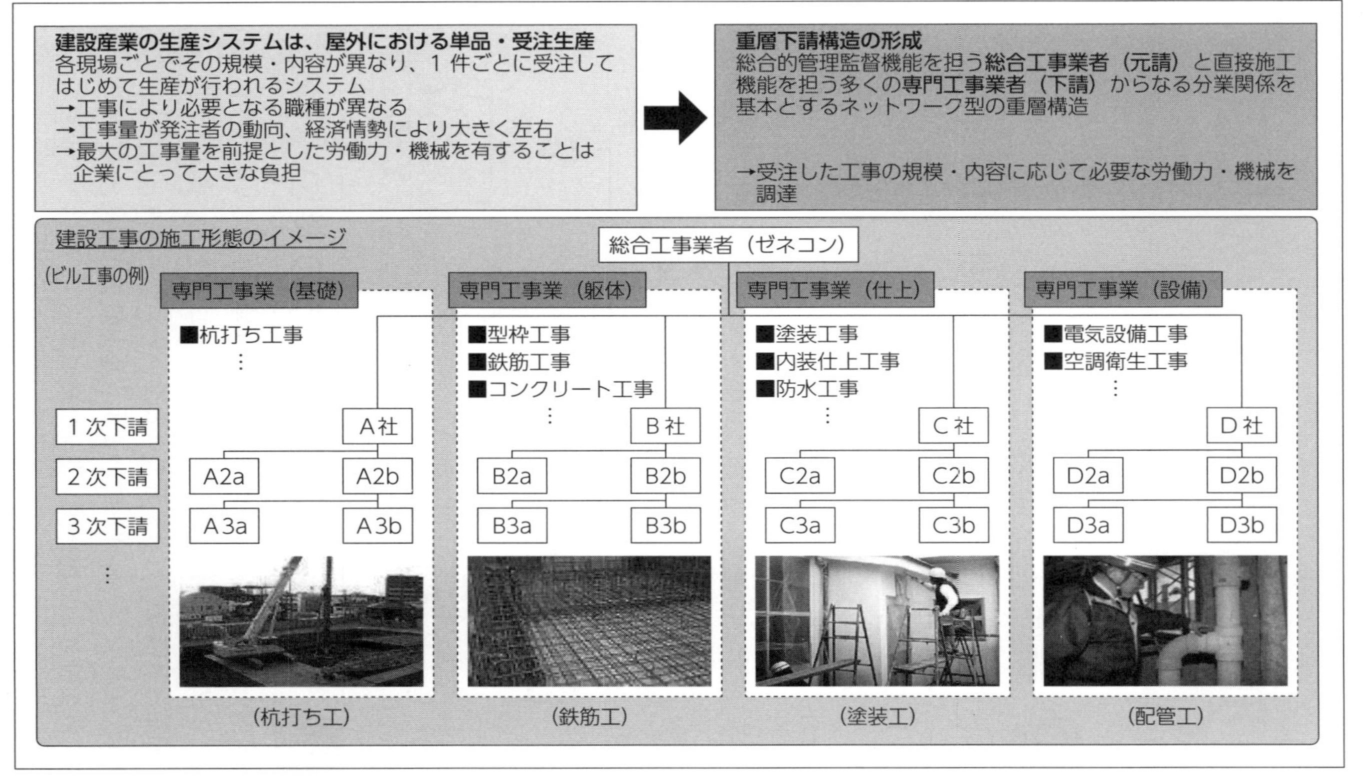

建設産業の生産システムは、屋外における単品・受注生産
各現場ごとでその規模・内容が異なり、1 件ごとに受注してはじめて生産が行われるシステム
→工事により必要となる職種が異なる
→工事量が発注者の動向、経済情勢により大きく左右
→最大の工事量を前提とした労働力・機械を有することは企業にとって大きな負担
重層下請構造の形成
総合的管理監督機能を担う総合工事業者（元請）と直接施工機能を担う多くの専門工事業者（下請）からなる分業関係を基本とするネットワーク型の重層構造
→受注した工事の規模・内容に応じて必要な労働力・機械を調達
建設工事の施工形態のイメージ
（ビル工事の例）
総合工事業者（ゼネコン）
専門工事業（基礎）
専門工事業（躯体）
専門工事業（仕上）
専門工事業（設備）
■杭打ち工事
■型枠工事
■鉄筋工事
■コンクリート工事
■塗装工事
■内装仕上工事
■防水工事
■電気設備工事
■空調衛生工事
1 次下請
2 次下請
3 次下請
A 社
A2a
A2b
A 3a
A 3b
B 社
B2a
B2b
B3a
B3b
C 社
C2a
C2b
C3a
C3b
D 社
D2a
D2b
D3a
D3b
（杭打ち工）
（鉄筋工）
（塗装工）
（配管工）

国土交通省「建設業の働き方改革について」より

ゼネコンといっても売上や特色によって呼び方が分かれています。

■スーパーゼネコン

売上1兆円超のゼネコンをスーパーゼネコンと呼んでいます。スーパーゼネコン上位5社というと、清水建設、大林組、鹿島建設、大成建設、竹中工務店を指します。

■マリン・コンストラクター（通称：マリコン）

ゼネコンの中でも、港湾・海底トンネル工事等、海洋土木に特化した企業をマリコンと呼びます。代表的な会社は、五洋建設、東亜建設工業、東洋建設などです。

ゼネコンは工事全体をマネジメントする役割を担っており、実際に現場で工事を行うのは専門工事業者です。専門工事業者も建設業法の分類では27業種に分かれています（►図表3-1）。専門工事業者は、元請業者のゼネコンから請け負う一次会社であるサブコン、サブコンから工事を請け負う二次下請、三次下請といった重層下請構造になっています。

3 住宅業界の場合

住宅の場合は、発注者（施主）は個人になり、元請はハウスメーカーや工務店となります。そして、住宅においても、それぞれのハウスメーカーの下請会社や一人親方に施工を依頼し、元請が現場の施工管理、原価管理等の業務を担っています。

■ハウスメーカーと工務店の違い

注文住宅を建てるには、ハウスメーカーまたは工務店に依頼をしますが、それぞれに特徴があります。ハウスメーカーとは、住宅建設会社のことをいい、設計、施工、アフターサービスまでの流れがシステム化されていて、効率的に進められるため、比較的短期間で家を建てることができます。一方、工務店では、資材加工をするところから始まります。品質が均一なのは、ハウスメーカーかもしれませんが、工務店は発注者（施主）が自由にプランを考えることができます。細部へのこだわりをもって住宅をつくるのであれば、自由設計できる工務店という選択肢もあります。

■ハウスメーカーと工務店のメリット・デメリット [図表 1-9]

	メリット	デメリット
ハウスメーカー	・設計、工期が短い ・耐震や省エネ等基本性能が確保されている ・提携会社のネットワークが利用できる ・保証、アフターサービスの内容が明確	・設計の自由度が低い ・担当者が変わったりする
工務店	・設計の自由度が高い ・地域のネットワーク強い ・その土地の気候や風土対策ができる ・注文住宅へのこだわりが反映	・技術、品質のばらつきがある ・経営破綻のリスクを把握しにくい ・工期が長くなる

■大工

大工とは、主として木造建造物の建築・修理を行う職人のことをいいます。「人が一生住む家を建てる」仕事であり、お客様の顔が直接見える仕事でもあります。ものづくりにおいて非常にやりがいのある職業ですが、その人数は令和 2 年時点で 29 万 7,900 人であり、40 年前と比較して約 1/3 となっています（►図表 1-10）。建設業全体でも作業員は減少していますが、なかでも大工の人数の落ち込み方は激しく、さらに高齢化も際立っています。

工務店やハウスメーカーの下請会社は小規模事業所が多く、他の業種よりも保険加入、賃金の面で後れを取っている傾向が強いです。待遇が改善されずにこのまま減少を続けると、住宅供給に制約が生じる可能性が出てくると思われます。また、大工だけでなく現場監督も不足をしており、現場の疲弊は増え続けています。

■大工就業者数の推移　　[図表 1-10]

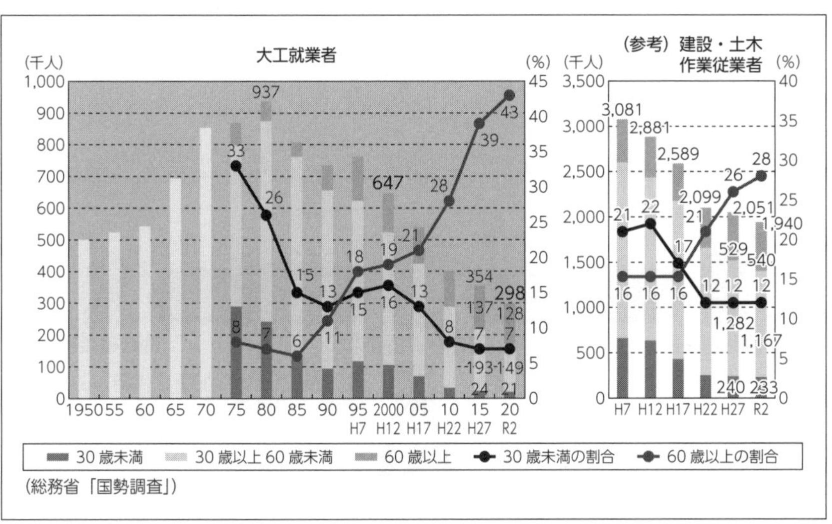

国土交通省「大工就業者の推移」より

4 建設現場に関わる職種

建設現場では、役割によって必要な資格や働き方が異なりますが、それぞれ重要な役割を担っています。

■技術者

建設業法26条の4において、技術者の職務は「当該建設工事の施工計画の作成、工程管理、品質管理その他の技術上の管理及び当該建設工事の施工に従事する者の技術上の指導監督」と規定されています。そのため技術者とは、監理技術者、主任技術者といった現場管理者のことをいいます。施工管理を行う者であり、直接的な作業はしません。

■技能労働者

技能労働者とは、法令上の定義はありませんが、現場において直接的な作業を行う人のことをいいます。専門工事ごとに分かれているため、1つの現場には様々な職種の技能労働者がいます。技能労働者の中でも、10年以上の実務経験、3年以上の職長経験、指定された資格を有する者を登録基幹技能者と呼び、現場において一般の技能労働者の指導等をする役割を担っています。

■登録基幹技能者の役割 [図表 1-11]

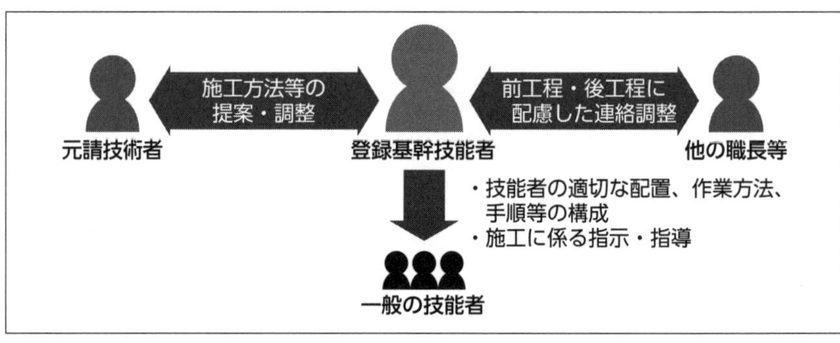

一般財団法人 建設業振興基金 HP「登録基幹技能者」より一部変更

■現場監督

現場監督とは、建設現場において、工程管理・原価管理・品質管理・安全管理等を含む施工管理を行い、技能労働者である作業者に対して指示、監督する人のことをいいます。

現場監督になるには2つの方法があります。1つは3年以上の実務経験を積むことです。もう1つは資格を取得することです。取得した資格により監督が行える工事が異なりますが、特に工事数が多く、現場監督の需要が高いのは、土木工事や建築工事の現場です。そのため、土木施工管理技士や建築施工管理技士の資格を取得すると、より多くの現場で現場監督になることができるといえます。

■施工管理技士

施工管理技士には、土木施工管理技士・建築施工管理技士・電気工事施工管理技士・電気通信工事施工管理技士・管工事施工管理技士・造園施工管理技士・建設機械施工技士の7種類があります。

施工管理技士は、建設業法27条に基づく国家資格です。資格の性質上、実務経験を有していることが受験には不可欠の要件となります。それぞれの施工管理技士において1級と2級に区分され、施工管理技術検定試験が毎年1回実施されます。

■現場代理人

現場代理人とは、受注者としての立場の請負人（法人の場合は取締役、個人の場合は事業主）の契約の定めに基づく法律行為を、請負人に代わって行使する権限が授与された人のことをいいます。というのも、変更の都度、請負人に確認して進めていくと、工事の進捗に影響が出てしまうからです。通常、工事が施工されるときは、請負人や注文者が直接工事現場において指図または監督を行うことはなく、現場代理人が請負人の代わりに承諾したり、変更を求めたりできます。工事に関する最終判断や請負代金の請求などが仕事であり、公共工事や大規模な民間工事で配置が必要です。

■主任技術者

主任技術者とは、建設現場の技術面に対して責任を持つ人のことをいいます。請負金額を問わず、すべての工事現場に配置が義務付けられており、施工の技術上の管理・監督が仕事です。

主任技術者になるには、担当する職種に応じた1級・2級の国家資格を持っているか、一定期間以上の実務経験を積む必要があります。

■監理技術者

監理技術者とは、建設現場の技術面に対して責任を持つ人のことをいいます。発注者から直接工事を請け負っており、請負金額4,500万円以上（建築一式工事は7,000万円以上）の下請契約を締結した工事で主任技術者に代えて配置が義務付けられており、施工の技術上の管理・監督が仕事です。主任技術者よりも上位の立場なので、求められる要件もレベルが高くなりますが、業務内容的には主任技術者とは配置される工事現場の規模が違うだけで、ほぼ同じです。

主な業務は、施工計画の作成や工程管理、品質管理、安全管理、また元請なら下請業者の指導も含まれます。

監理技術者になるためには、担当する工種に応じた１級国家資格を持っているか、一定期間以上の実務経験を積むなどの要件を満たす必要があります。

■現場所長

現場所長とは、品質、原価、工程、安全といった工事全体の最終責任者のことをいいます。経験とスキルのある施工管理技士として、現場代理人または監理技術者（小規模現場であれば主任技術者）が担当するのが一般的です。

■建設工事現場で従事する者（イメージ）

[図表 1-12]

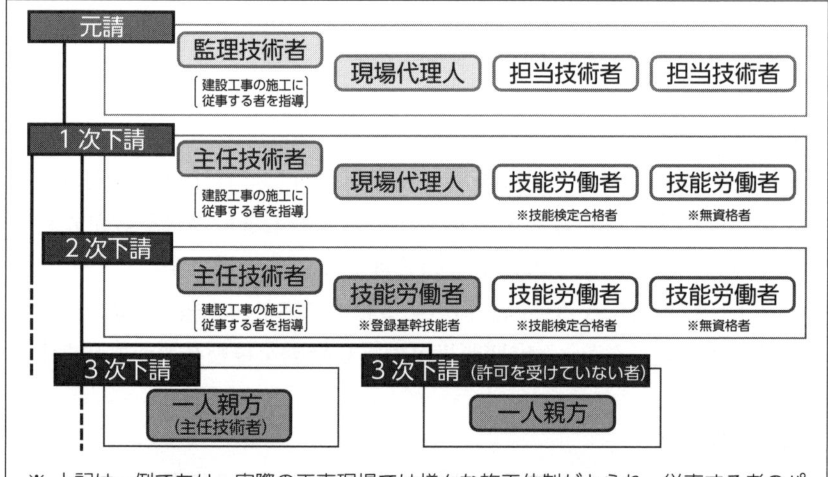

※ 上記は一例であり、実際の工事現場では様々な施工体制がとられ、従事する者のパターンも様々である。また、一人の者が複数の役割（主任技術者と現場代理人等）を兼ねることがある。

※ 建設業法第 26 条の 3 第 2 項において、工事現場における建設工事の施工に従事する者は、主任技術者又は監理技術者がその職務として行う指導に従わなければならないこととされている。

国土交通省「技能労働者」より

Ⅳ　建設業界団体の役割

1 建設業界にある各種団体

建設業界の大きな特徴として、他の業界と比較して、業界団体の数が非常に多いことが挙げられます。所属する団体を知ることで、元請なのか下請なのか、どれくらいの企業規模なのかなどのイメージがつきます。

各業界団体では、技術向上のための教育や、業界全体の発展のための意見交換等を活発に行っています。ここでは代表的な団体をいくつかご紹介します。

2 日建連（一般社団法人 日本建設業連合会）

日建連とは、元請団体、主にスーパーゼネコンが加盟している業界団体です。日本の建設産業を健全に発展させ、国民生活と産業活動の基盤の充実に寄与することを目的としています。

日建連は業界のリーディングカンパニーといわれるようなスーパーゼネコンが中心となっているため、率先をして業界が求められている取組みを行っています。

例えば、働き方改革においては、「働き方改革推進の基本方針」によって改革実現のための諸課題への対応策を示し、積極的な活動を行っています。他の団体も、日建連の動きを確認しながら動いていく傾向があります。

HP ► https://www.nikkenren.com/

コラム

日建連　働き方改革推進の基本方針（一部抜粋）

日建連では働き方改革実現に向けた諸問題に対して、下記の３つのカテゴリーに分けて、取組方針を打ち出しています。

A　推進の具体策を会員企業あげて推進すべき事項

B　日建連が示す方向に従い、それぞれの会員企業が取り組むべき事項

C　会員企業がそれぞれの企業展開として独自に取り組むべき事項

1. 長時間労働の是正等
   ①　週休２日の推進：A
   ②　総労働時間の削減：A
   ③　有給休暇の取得推進：C
   ④　柔軟な働き方がしやすい環境整備：C
   ⑤　勤務間インターバル制：C
   ⑥　メンタルヘルス対策、パワーハラスメント対策や病気の治療と仕事の両立への対策：C
2. 建設技能者の処遇改善
   ①　賃金水準の向上：A
   ②　社会保険加入促進：A
   ③　建退共制度の適用促進：B
   ④　雇用の安定（社員化）：B
   ⑤　重層下請構造の改善：B
3. 生産性の向上：A
4. 下請取引の改善：A
5. けんせつ小町の活躍推進
   ①　現場環境の整備：A
   ②　女性の登用：A
6. 子育て・介護と仕事の両立
   ①　育児休暇・介護休暇の取得促進：C

② 現場管理の弾力化：C

7. 建設技能者のキャリアアップの促進

① 建設キャリアアップシステムの活用：A

② 技能者の技術者への登用：C

8. 同一労働同一賃金など：C

9. 多様な人材の活用

① 外国人材の受入れ：C

② 高齢者の就業促進：C

③ 障害者雇用の促進：C

10. その他

① 職種別、季節別の平準化の検討：C

② 適正な受注活動の徹底：A

③ 官民の発注者への協力要請：A

3 元請団体

■全建（一般社団法人 全国建設業協会）

全建とは、47都道府県の建設業協会が結集して構成している全国的な組織です。会員は、主として土木一式工事業および建築一式工事業を営む建設企業の元請工事をしている企業が中心です。

地域建設業が、自然災害発生時の復旧活動や社会基盤の整備と維持管理に取り組み、地域経済と雇用の下支えを担いながら、県土の保全と住民の安全・安心を守る「地域の守り手」として活動することを目指しています。

国土強靭化対策については、当初予算を特別枠で増額させ、さらに充実した計画および予算措置を訴え続けていきます。社会インフラの整備は、自然災害から人命や財産を守る視点からはまだまだ不充分であり、言うまでもなく今後も必要不可欠な事業を担っていくでしょう。

■全中建（一般社団法人 全国中小建設業協会）

全中建とは、中小建設事業者の元請会社が構成員となっている団体です。中小建設業者は、地域安全を守る役割を担っています。そのため中小建設事業者の技術的、経済的および社会的地位の向上のための活動を行っています。

4 専門工事業団体

■各種専門工事業団体

専門工事業には、元請会社（ゼネコン）と違い、職種ごとに特化した団体があります。代表的なものとして下記のような団体が挙げられます。

［図表 1-13］

土木系	全国基礎工事業団体連合会、日本基礎建設協会、日本アンカー協会　等
軀体系	日本建設軀体工事業団体連合会、日本鳶工業連合会、日本型枠工事業協会、全国圧接業協同組合連合会、全国鉄筋工事業協会、全国クレーン建設業協会　等
仕上系	日本左官業組合連合会、全国タイル業協会、全国建設室内工事業協会、日本シャッター・ドア協会、全国防水工事業協会、日本塗装工業会　等
設備系	全国管工事業協同組合連合会、日本ウレタン断熱協会

■建専連（一般社団法人 建設産業専門団体連合会）

建専連とは、建設専門業団体横断的な各職種ごとに専門工事業、設備工事業および建設関連業団体で構成され、よいものを適正価格で提供する体制整備をはじめ、技術とともに建設産業の健全な発展に寄与することを目指している団体です。

■建産連（一般社団法人 全国建設産業団体連合会）

建産連とは、都道府県ごとの総合建設業者団体、専門工事業者団体、建設関連業者団体等から構成された組織です。

5 全建総連（全国建設労働組合総連合）

全建総連とは、建設業で働く建設職人の労働組合で、都道府県ごとに組織された53県連・組合の連合体です。全建総連の組合員は、建設業に従事する労働者、一人親方等が中心で、全国で62万人が加盟しているといわれています。労働組合というと、日本では企業別労働組合をイメージする人が多いと思いますが、全建総連は個々人が地域の組合に加入する産業別労働組合です。他業種と違い、建設業は重層下請構造により、下層に行くにつれ、立場や地位、発言力すら弱くなる傾向があります。そのため、全建総連という全国組織を通して、一人ひとりの労働者では実現することが難しい労働条件の改善や良好な職場づくりを目指して活動をしています。

具体的には、未然に労災事故や病気を防ぐための活動、賃金引上げ・工事単価の適正化への活動、建築行政に関する周知活動、職人の技術や技能の向上を図るための活動等です。また、若年層の技術・技能の向上と処遇改善のために、建設キャリアアップシステム（CCUS）の推進等も積極的に行っています。

この他、各組合では、労働保険事務組合での労災保険の特別加入や建設国保の手続き、一人親方における建退共の管理といった日常業務の支援を実施しています。最近では、建設キャリアアップシステム（CCUS）の登録をサポートすることで、組合員が本来の業務に集中できるようにしています。

さらに、平成30年の岡山・広島での西日本豪雨災害、令和2年熊本豪雨災害では、労働者供給事業を利用した応急仮設木造住宅の建設でも力を発揮しました。災害の被災地へ向けて全国から組合員を結集させるのは、全国組織である全建総連の大きな役割の1つでもあります（► P.138）。

V 建設業に関連する主な法律

1 新・担い手3法

令和元年6月に建設業法、入契法、品確法の3つの法律が改正され、建設業の担い手の確保・育成に向けた具体的な措置が規定されました。さらに新・担い手3法では、「働き方改革の推進」「生産性向上への取組」「災害時の緊急対応強化、持続可能な事業環境の確保」、「調査、設計の品質確保」をテーマに法律の見直しがされています。

［図表 1-14］

■新・担い手３法（品確法と建設業法・入契法の一体的改正）について（令和元年６月成立）

[図表 1-15]

平成 26 年に、公共工事品確法と建設業法･入契法を一体として改正※し、適正な利潤を確保できるよう予定価格を適正に設定することや、ダンピング対策を徹底することなど、建設業の担い手の中長期的な育成・確保のための基本理念や具体的措置を規定。
※担い手３法の改正（公共工事の品質確保の促進に関する法律、建設業法及び公共工事の入札及び契約の適正化の促進に関する法律）

新たな課題・引き続き取り組むべき課題

相次ぐ災害を受け地域の「守り手」としての建設業への期待
働き方改革促進による建設業の長時間労働の是正
i-Construction の推進等による生産性の向上

担い手３法施行（H26）後５年間の成果

予定価格の適正な設定、歩切りの根絶
価格のダンピング対策の強化
建設業の就業者数の減少に歯止め

新たな課題に対応し、５年間の成果をさらに充実する新・担い手３法改正を実施

品確法の改正　～公共工事の発注者･受注者の基本的な責務～　<議員立法※>
※平成 17 年の制定時及び平成 26 年の改正時も議員立法

○発注者の責務
・適正な工期設定（休日、準備期間等を考慮）
・施工時期の平準化（債務負担行為や繰越明許費の活用等）
・適切な設計変更
（工期が翌年度にわたる場合に繰越明許費の活用）
○受注者（下請含む）の責務
・適正な請負代金･工期での下請契約締結

○発注者・受注者の責務
・情報通信技術の活用等による生産性向上

○発注者の責務
・緊急性に応じた随意契約・指名競争入札等の適切な選択
・災害協定の締結、発注者間の連携
・労災補償に必要な費用の予定価格への反映や、見積り徴収の活用

○調査・設計の品質確保
・「公共工事に関する測量、地質調査その他の調査及び設計」を、基本理念及び発注者･受注者の責務の各規定の対象に追加

働き方改革の推進

生産性向上への取組

災害時の緊急対応強化 持続可能な事業環境の確保

○工期の適正化
・中央建設業審議会が、工期に関する基準を作成・勧告
・著しく短い工期による請負契約の締結を禁止
（違反者には国土交通大臣等から勧告・公表）
・公共工事の発注者が、必要な工期の確保と施工時期の平準化のための措置を講ずることを努力義務化<入契法>
○現場の処遇改善
・社会保険の加入を許可要件化
・下請代金のうち、労務費相当については現金払い

○技術者に関する規制の合理化
・監理技術者：補佐する者（技士補）を配置する場合、兼任を容認
・主任技術者（下請）：一定の要件を満たす場合は配置不要

○災害時における建設業者団体の責務の追加
・建設業者と地方公共団体等との連携の努力義務化
○持続可能な事業環境の確保
・経営管理責任者に関する規制を合理化
・建設業の許可に係る承継に関する規定を整備

建設業法・入契法の改正　～建設工事や建設業に関する具体的なルール～　<政府提出法案>

国土交通省「新・担い手三法について～建設業法、入契法、品確法の一体的改正について～」より

■働き方改革の推進

〈品確法〉

○発注者の責務

・適正な工期設定（休日、準備期間、天候等を考慮）

・施工時期の平準化（債務負担行為や繰越明許費の活用等）

・適切な設計変更（工期が翌年度にわたる場合に繰越明許費の活用）

○受注者（下請含む）の責務

・適正な請負代金・工期での下請契約締結

〈建設業法・入契法〉

○工期の適正化

・中央建設業審議会が、工期に関する基準を作成・勧告

・著しく短い工期による請負契約の締結を禁止（違反者には国土交通大臣等から勧告・公表）

・公共工事の発注者が、必要な工期の確保と施工時期の平準化のための措置を講ずることを努力義務化

○現場の処遇改善

・社会保険の加入を許可要件化

・下請代金のうち、労務費相当については現金払い

■生産性向上への取組

〈品確法〉

○発注者・受注者の責務

・情報通信技術の活用等による生産性向上

〈建設業法〉

○技術者に関する規制の合理化

・監理技術者：補佐する者（技士補）を配置する場合、兼任を容認

・主任技術者（下請）：一定の要件を満たす場合は配置不要

■災害時の緊急対応強化、持続可能な事業環境の確保

〈品確法〉

○発注者の責務

・緊急性に応じた随意契約・指名競争入札等の適切な入札・契約方式の選択

・災害協定の締結、発注者間の連携

・労災補償に必要な保険契約の保険料等の予定価格への反映や、災害時の見積り徴収の活用

〈建設業法〉

○災害時における建設業者団体の責務の追加

・建設業者と地方公共団体等との連携の努力義務化

○持続可能な事業環境の確保

・経営管理責任者に関する規制を合理化

・建設業の許可に係る承継に関する規定を整備

■調査・設計の品質確保

〈品確法〉

○調査・設計の品質確保

・「公共工事に関する測量、地質調査その他の調査（点検および診断を含む。）および設計」を、基本理念および発注者・受注者の責務の各規定の対象に追加

2 国土強靭化基本法

日本は多くの災害のリスクを抱えています。災害が起きると、家屋の倒壊や、電気・水道等のインフラがとまって生活に支障をきたし、農地や会社がダメージを受ければ、事業活動に大きな影響を与えます。国土強靭化とは、地震や津波、台風などの自然災害に強い国づくり・地域づくりを目指す取組みのことをいいます。

国土強靭化基本計画とは、平成23年に発生した東日本大震災を受

け、平成25年に施行された国土強靭化基本法に基づき、大規模な災害の被害の最小化に向けた重点施策を盛り込んだ計画のことをいいます。計画は概ね5年ごとに見直され、令和2年には国土強靭化5か年計画が閣議決定され、国内のインフラ基盤の強化を目的としています。

国土強靭化計画の基本目標として、以下の4つが挙げられています。

① 人命の保護が最大限図られること
② 国家・社会の重要な機能が致命的な障害を受けず維持されること
③ 国民の財産及び公共施設に係る被害の最小化
④ 迅速な復旧復興

3 建設職人基本法

労働安全衛生法においても、労働者の健康と安全については定められていますが、建設従事者の中には、「一人親方」といった個人事業主もいます。個人事業主は労働者ではないため、労働安全衛生法は適用されません。

建設職人基本法とは、一人親方も含めた建設工事従事者の健康と安全を守るためにつくられた法律です。

建設職人基本法（抜粋）

第8条　政府は、建設工事従事者の安全及び健康の確保に関する施策の総合的かつ計画的な推進を図るため、建設工事従事者の安全及び健康の確保に関する基本的な計画（以下「基本計画」という。）を策定しなければならない。
2〜5　（略）
6　政府は、建設工事従事者の安全及び健康の確保に関する状況の変化を勘案し、並びに建設工事従事者の安全及び健康の確保に関する施策の効果に関する評価を踏まえ、少なくとも五年ごとに、基本計画に検討を加え、必要があると認めるときには、これを変更しなければならない。
7　（略）

建設職人基本法では、「少なくとも5年ごとに、基本計画に検討を加え、必要があると認めるときには、これを変更しなければならない。」と規定されています。

■基本計画の主な変更内容 [図表 1-16]

1　安全衛生経費に関する記載の充実	5　墜落・転落災害の防止対策の充実強化に関する記載の充実
○安全衛生対策項目の確認表、安全衛生経費を内訳明示するための標準見積書の作成・普及 ○発注者、建設業者及び国民一般に対する安全衛生経費の戦略的広報の実施	○屋根・屋上等の端、低所（はしご・脚立）からの墜落・転落災害防止対策のためのマニュアルの作成・普及 ○足場点検の確実な実施のための措置の充実、一側足場の使用範囲の明確化 ○足場の組立・解体中の墜落・転落防止対策の充実強化
2　一人親方に関する記載の充実	**6　健康確保対策の強化に関する記載の追記**
○一人親方との取引の適正化等の周知	○熱中症、騒音による健康障害防止対策 ○解体・改修工事における石綿ばく露防止対策等 ○新興・再興感染症への対応
3　建設工事の現場の安全性の点検等に関する記載の充実	**7　人材の多様化に対応した建設現場の安全健康確保、職場環境改善に関する記載の追記**
○建設機械施工の自動化・遠隔化やロボットの活用等インフラ分野のDXにおいて、安全な工法等の研究開発・普及	○女性の活躍促進のための取組 ○増加する外国人労働者の労働災害への対応方法等 ○高年齢労働者の安全と健康の確保につながる取組
4　建設工事従事者の処遇の改善及び地位の向上に関する記載の充実	**その他**
○新・担い手3法や労働基準法を踏まえた「働き方改革」の推進、処遇の改善、インフラ分野のDXの推進 ○職業訓練の実施による事業主への支援等	○東京オリンピック・パラリンピック競技大会に向けた先進的取組の項目を削除 ○その他、状況変化等を踏まえた変更

厚生労働省・国土交通省（令和5年6月）
「建設工事従事者の安全及び健康の確保に関する基本的な計画の変更について」より

Ⅵ 労務管理からみる最近の建設業界の流れ

1 社会保険未加入問題

建設業において、社会保険の加入が適正に行われていないことから、適正に加入している会社ほど受注競争上不利な状況ができていました。なぜなら、加入していない会社は事業主負担が必要な法定福利費を支払っていないため、その分を値引きした額で受注できるからです。

このような状況を見直すため、国土交通省では、平成24年度を初年度年として社会保険未加入対策をスタートさせました（►図表1-17）。平成29年を目途に、事業所単位では加入義務のある許可業者の100%、労働者単位では少なくとも加入率を製造業と同水準にすることを目標としました。

社会保険加入にあたっては、単純に保険の手続きをするだけではなく、その前に整理をしておかなくてはいけない多くの問題点がみえてきました。なかでも重要なのは、以下の5点です。

① 雇用と請負が混在

作業は1つの「班」と呼ばれる単位で行われます。班には親方がいて、子方がいます。親方が仕事を受注し、子方が親方の指示で仕事をします。一般的にいえば親方は社長であり、子方は従業員となるため、本来であれば、雇用として「給与」で支払われなくてはいけないのですが、現実的には「請負」として外注費で支払っているケースがあります。「雇用」であれば直接的な指示ができますが、「請負」であれば直接的な指示ができません。その結果、実態としては「雇用」であるが、形式的には「請負」にしているという問題が顕在化してきました。

② 建設国保加入者の存在

建設業には、同業種で構成される国保組合である「建設国保」があります。国保組合とは、国民健康保険法に基づき設立された医療保険者です。元々建設国保に加入していた人が、強制適用事業所（協会けんぽ＋厚生年金）に雇用された場合、「健康保険被保険者適用除外承認申請書」を提出することにより、強制適用事業所で雇用されながらも、建設国保に継続して加入できます。そのため、社内で協会けんぽと建設国保の加入者が混在することがあり得ます。

③ 個人事業主が多い

二次以降となると、法人ではなく個人事業主も多く存在します。個人事業主は、従業員数によって社会保険の強制適用事業所か否かが決まるので、雇用保険に加入をしていたとしても、社会保険においては国民健康保険と国民年金という取扱いになることがあります。従業員数が増えれば強制適用事業所になるので、人数要件にも注意が必要です。

④ 労務費がわからない

法定福利費を見積りに計上するためには、労務費に対して保険料額を掛けて算出しなければなりません。しかし、そもそも「一式」という単位で受注をしているため、どこまでが材料費、どこまでが労務費といった区分がされておらず、根拠となる数字を出すことが難しいという問題がみえてきました。

⑤ 現場作業員の意識

会社が社会保険に加入することを決めたとき、今まで年金に加入していなかった作業員が「いまさら入っても年金なんてもらえない」「手取りが減ってしまうのは嫌だ」という理由で、「保険加入をするなら辞める」などと言い出すトラブルが起こるようになりました。保険加入にあたっては、単に保険料の説明をするだけでなく、メリットも十分に理解してもらう必要があります。

■社会保険等未加入対策の全体像（H26.2 時点）

[図表 1-17]

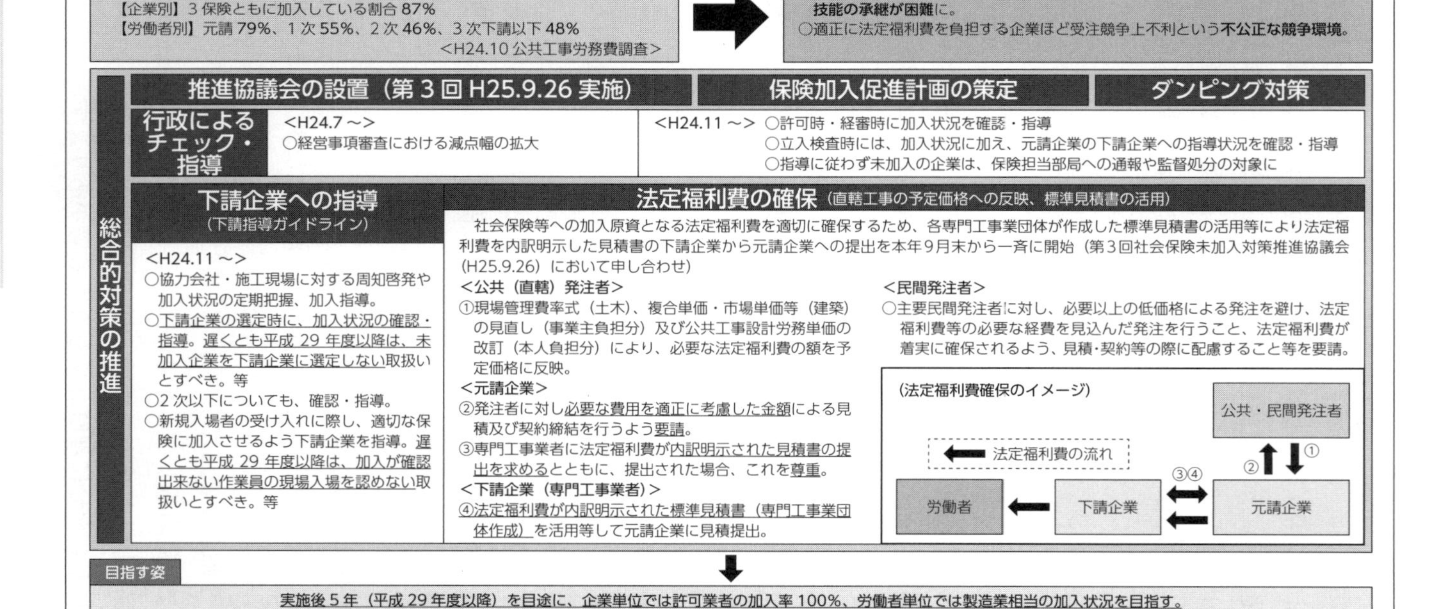

現状
○特に年金、医療、雇用保険に未加入の企業が存在
【企業別】3 保険ともに加入している割合 87%
【労働者別】元請 79%、1 次 55%、2 次 46%、3 次下請以下 48%
<H24.10 公共工事労務費調査>
課題
○技能労働者の処遇の低さが若年入職者減少の一因となり、産業の存続に不可欠な技能の承継が困難に。
○適正に法定福利費を負担する企業ほど受注競争上不利という不公正な競争環境。
総合的対策の推進
推進協議会の設置（第 3 回 H25.9.26 実施）
保険加入促進計画の策定
ダンピング対策
行政によるチェック・指導
<H24.7 ～>
○経営事項審査における減点幅の拡大
<H24.11 ～>
○許可時・経審時に加入状況を確認・指導
○立入検査時には、加入状況に加え、元請企業の下請企業への指導状況を確認・指導
○指導に従わず未加入の企業は、保険担当部局への通報や監督処分の対象に
下請企業への指導
（下請指導ガイドライン）
<H24.11 ～>
○協力会社・施工現場に対する周知啓発や加入状況の定期把握、加入指導。
○下請企業の選定時に、加入状況の確認・指導。遅くとも平成 29 年度以降は、未加入企業を下請企業に選定しない取扱いとすべき。等
○2 次以下についても、確認・指導。
○新規入場者の受け入れに際し、適切な保険に加入させるよう下請企業を指導。遅くとも平成 29 年度以降は、加入が確認出来ない作業員の現場入場を認めない取扱いとすべき。等
法定福利費の確保（直轄工事の予定価格への反映、標準見積書の活用）
社会保険等への加入原資となる法定福利費を適切に確保するため、各専門工事業団体が作成した標準見積書の活用等により法定福利費を内訳明示した見積書の下請企業から元請企業への提出を本年9月末から一斉に開始（第3回社会保険未加入対策推進協議会(H25.9.26) において申し合わせ）
<公共（直轄）発注者>
①現場管理費率式（土木）、複合単価・市場単価等（建築）の見直し（事業主負担分）及び公共工事設計労務単価の改訂（本人負担分）により、必要な法定福利費の額を予定価格に反映。
<元請企業>
②発注者に対し必要な費用を適正に考慮した金額による見積及び契約締結を行うよう要請。
③専門工事業者に法定福利費が内訳明示された見積書の提出を求めるとともに、提出された場合、これを尊重。
<下請企業（専門工事業者）>
④法定福利費が内訳明示された標準見積書（専門工事業団体作成）を活用等して元請企業に見積提出。
<民間発注者>
○主要民間発注者に対し、必要以上の低価格による発注を避け、法定福利費等の必要な経費を見込んだ発注を行うこと、法定福利費が着実に確保されるよう、見積・契約等の際に配慮すること等を要請。
（法定福利費確保のイメージ）
公共・民間発注者
①
②
法定福利費の流れ
③④
労働者
下請企業
元請企業
目指す姿
実施後 5 年（平成 29 年度以降）を目途に、企業単位では許可業者の加入率 100%、労働者単位では製造業相当の加入状況を目指す。
これにより、
○技能労働者の処遇の向上、建設産業の持続的な発展に必要な人材の確保
○法定福利費を適正に負担する企業による公平で健全な競争環境の構築
を実現
参考：国土交通省ホームページ「建設業の社会保険未加入対策」(http://www.mlit.go.jp/totikensangyo/const/totikensangyo_const_tk2_000080.html)

国土交通省「社会保険等未加入対策の全体像」（H26. 2 時点）より

建設業法（抜粋）

（建設工事の見積り等）
第20条　建設業者は、建設工事の請負契約を締結するに際して、工事内容に応じ、工事の種別ごとに材料費、労務費その他の経費の内訳並びに工事の工程ごとの作業及びその準備に必要な日数を明らかにして、建設工事の見積りを行うよう努めなければならない。
2　建設業者は、建設工事の注文者から請求があったときは、請負契約が成立するまでの間に、建設工事の見積書を交付しなければならない。
（中略）
4　建設工事の注文者は、請負契約の方法が随意契約による場合にあっては契約を締結するまでに、入札の方法により競争に付する場合にあっては入札を行うまでに、第19条第1項第1号及び第3号から第16号までに掲げる事項について、できる限り具体的な内容を提示し、かつ、当該提示から当該契約の締結又は入札までに、建設業者が当該建設工事の見積りをするために必要な政令で定める一定の期間を設けなければならない。

2 建設キャリアアップシステム（CCUS）

建設業においては、現場を担う技能労働者の役割が重要です。しかしながら、技能労働者の高齢化、若年者の減少が大きな課題となっています。技能労働者の定着のためには、それぞれの技能労働者の持っている資格、経験、技能等を適正に評価をし、それに見合った処遇を受けられる環境をつくることが重要になっています。

建設業に従事する技能労働者は、同じ職場での仕事ではなく、様々な事業者の現場で経験を積んでいきます。そのため、個々の能力が統一的に評価されにくく、現場管理や後進の指導など、一定の経験を積んだ技能労働者が果たしている役割や能力が処遇に反映されにくい環境です。

建設キャリアアップシステム（「CCUS」ともいいます）は、技能労働者に配布するICカードを通じて、現場における就業履歴や保有資格などを業界統一のルールでシステムに蓄積することにより、技能労働者の処遇の改善や技能の研鑽を図ることを目指しています。

■ CCUSとは

Construction Career Up Systemの頭文字をとったものです。

■建設キャリアアップシステム（CCUS）の加入状況

スーパーゼネコンの現場では、ほとんどが建設キャリアアップシステム（CCUS）への加入を義務付けられているため、その下請会社では加入が一気に進んでいます。また、建設業許可においても建設キャリアアップシステム（CCUS）の加入は必須、経審においても令和5年1月の改正により建設キャリアアップシステム（CCUS）の活用状況で加点されることになりました。加えて、技能実習生や特定技能といった外国人の雇用には、建設キャリアアップシステム（CCUS）の登録が必須です。令和5年月時点で技能者登録数が約117万人、登録事業者数は約22万者となっています。

その一方、町場といわれる工務店の現場では、野丁場のような進捗まではいかないというのが現実です。

3 働き方改革

働き方改革関連法が平成31年4月より施行されました。建設業も1つの事業所である以上、他業種と同様に対応しなくてはいけません。しかし、建設業での働き方改革はあまり進んでいません。

理由として、まず重層下請構造が挙げられます。下層へいけばいくほど「事業主」という感覚が薄くなり、労働法といってもいまひとつ響いていないところがあります。

また、日給での仕事を中心としている作業員にとって、土曜日だろうと現場が開いていれば働くのは当然という考え方が根付いていることも挙げられます。そもそも工期までに完成させるには、どうしても長時間労働にならざるを得ない業界全体の問題もあります。

そのため、建設業の働き方改革は、1つの事業所単位で考えるのではなく、業界全体として進めていかないとうまくいかない状況です。

国土交通省が策定した「建設業働き方改革加速化プログラム」には、業界としての取組みが記載されています（►図表1-18）。プログラムの趣旨は「建設業の担い手については概ね10年後に団塊世代の大量離職が見込まれており、その持続可能性が危ぶまれる状況です。建設業は全産業平均と比較して年間300時間以上の長時間労働となっており、他産業では一般的となっている週休2日も十分に確保されておらず、給与についても建設業者全体で上昇傾向にありますが、生産労働者については、製造業と比べて低い水準にあります。将来の担い手を確保し、災害対応やインフラ整備・メンテナンス等の役割を今後も果たし続けていくためにも、建設業の働き方改革を一段と強化していく必要があります」とされています。

ここで「長時間労働の是正」の取組みの大前提として、週休2日制の導入を後押しするとなっています。しかし、建設業は工期のある仕事です。「適正な工期設定等のためのガイドライン」を改訂し、そもそも週休2日がとれるのかの検討など、長時間労働にならない工期設定を発注者側に推進しています。

さらに「給与・社会保険」についても記載があります。建設業では未だ社会保険未加入の会社もあることから、建設業の許可・更新の必須要件とすることで、適切な保険への加入を促進していくことになります。

加えて、技能・経験にふさわしい処遇（給与）を実現するため、建設キャリアアップシステム（CCUS）による連動を謳っています。技能労働者には日給者が多く、単に週休2日だけが先行すれば、当然給与は下がります。担い手確保を目的とした労働条件の改善のはずが、給与が下がってしまうのであれば、なおさら人材は離れていくでしょう。そのため、建設キャリアアップシステム（CCUS）を活用し、適正な処遇が受けられることを目指しています。

働き方改革と建設キャリアアップシステム（CCUS）は車の両輪のような関係です。休日が増え、その上で適正な処遇になることが本来の働き方改革なのです。

■建設業働き方改革加速化プログラム

［図表 1-18］

○ 日本全体の生産年齢人口が減少する中、建設業の担い手については概ね10年後に団塊世代の大量離職が見込まれており、その持続可能性が危ぶまれる状況。
○ 建設業が、引き続き、災害対応、インフラ整備・メンテナンス、都市開発、住宅建設・リフォーム等を支える役割を果たし続けるためには、これまでの社会保険加入促進、担い手３法の制定、i-Construction などの成果を土台として、働き方改革の取組を一段と強化する必要。
○ 政府全体では、長時間労働の是正に向けた「適正な工期設定等のためのガイドライン」の策定や、「新しい経済政策パッケージ」の策定など生産性革命、賃金引上げの動き。また、国土交通省でも、「建設産業政策 2017＋10」のとりまとめや6年連続での設計労務単価引上げを実施。
○ これらの取組と連動しつつ、建設企業が働き方改革に積極的に取り組めるよう、労務単価の引上げのタイミングをとらえ、平成30年度以降、下記３分野で従来のシステムの枠にとらわれない新たな施策を、関係者が認識を共有し、密接な連携と対話の下で展開。
○ 中長期的に安定的・持続的な事業量の確保など事業環境の整備にも留意。

※今後、建設業団体側にも積極的な取組を要請し、今夏を目途に官民の取組を共有し、施策の具体的展開や強化に向けた対話を実施。

長時間労働の是正

罰則付きの時間外労働規制の施行の猶予期間（５年）を待たず、長時間労働是正、週休２日の確保を図る。特に週休２日制の導入にあたっては、技能者の多数が日給月給であることに留意して取組を進める。

○週休２日制の導入を後押しする
- 公共工事における週休２日工事の実施団体・件数を大幅に拡大するとともに民間工事でもモデル工事を試行する
- 建設現場の週休２日と円滑な施工の確保をともに実現させるため、公共工事の週休２日工事において労務費等の補正を導入するとともに、共通仮設費、現場管理費の補正率を見直す
- 週休２日を達成した企業や、女性活躍を推進する企業など、働き方改革に積極的に取り組む企業を積極的に評価する
- 週休２日制を実施している現場等（モデルとなる優良な現場）を見える化する

○各発注者の特性を踏まえた適正な工期設定を推進する
- 昨年８月に策定した「適正な工期設定等のためのガイドライン」について、各発注工事の実情を踏まえて改定するとともに、受発注者双方の協力による取組を推進する
- 各発注者による適正な工期設定を支援するため、工期設定支援システムについて地方公共団体等への周知を進める

給与・社会保険

技能と経験にふさわしい処遇（給与）と社会保険加入の徹底に向けた環境を整備する。

○技能や経験にふさわしい処遇（給与）を実現する
- 労務単価の改訂が下請の建設企業まで行き渡るよう、発注関係団体・建設業団体に対して労務単価の活用や適切な賃金水準の確保を要請する
- 建設キャリアアップシステムの今秋の稼働と、概ね５年で全ての建設技能者（約330万人）の加入を推進する
- 技能・経験にふさわしい処遇（給与）が実現するよう、建設技能者の能力評価制度を策定する
- 能力評価制度の検討結果を踏まえ、高い技能・経験を有する建設技能者に対する公共工事での評価や当該技能者を雇用する専門工事企業の施工能力等の見える化を検討する
- 民間発注工事における建設業の退職金共済制度の普及を関係団体に対して働きかける

○社会保険への加入を建設業を営む上でのミニマム・スタンダードにする
- 全ての発注者に対して、工事施工について、下請の建設企業を含め、社会保険加入業者に限定するよう要請する
- 社会保険に未加入の建設企業は、建設業の許可・更新を認めない仕組みを構築する

※給与や社会保険への加入については、週休２日工事も含め、継続的なモニタリング調査等を実施し、下請まで給与や法定福利費が行き渡っているかを確認。

生産性向上

i-Construction の推進等を通じ、建設生産システムのあらゆる段階における ICT の活用等により生産性の向上を図る。

○生産性の向上に取り組む建設企業を後押しする
- 中小の建設企業による積極的な ICT 活用を促すため、公共工事の積算基準等を改善する
- 生産性向上に積極的に取り組む建設企業等を表彰する（i-Construction 大賞の対象拡大）
- 個々の建設業従事者の人材育成を通じて生産性向上につなげるため、建設リカレント教育を推進する

○仕事を効率化する
- 建設業許可等の手続き負担を軽減するため、申請手続きを電子化する
- 工事書類の作成負担を軽減するため、公共工事における関係する基準類を改定するとともに、IoT や新技術の導入等により、施工品質の向上と省力化を図る
- 建設キャリアアップシステムを活用し、書類作成等の現場管理を効率化する

○限られた人材・資機材の効率的な活用を促進する
- 現場技術者の将来的な減少を見据え、技術者配置要件の合理化を検討する
- 補助金などを受けて発注される民間工事を含め、施工時期の平準化をさらに進める

○重層下請構造改善のため、下請次数削減方策を検討する

国土交通省「建設業働き方改革加速化プログラム」より

第２章

下請指導からみる労務管理

I　社会保険未加入問題

社会保険未加入問題への対策として、適切な保険に加入をしていない建設作業員の現場入場を認めなくなってきています。このような施策を講じるほど加入が進まなかった理由の１つは、会社が保険料の約半額を負担することになり、経費が増えるからです。そのため見積書には、経費分を請求できるよう法定福利費を計上することになりました。

1　標準見積書とは

標準見積書とは、労働者の雇用に必要な法定福利費などの社会保険料、適正な工期等を明示した見積書のことをいいます。見積書作成時には、適正な「原価」をしっかりと把握する必要があります。

標準見積書を出すにあたって、「今まで一式や上請から言われていた金額で受けていた」では済まされません。下請の立場であっても自社を「経営」の面から確認し、一体どれくらいの人件費がかかるのか、教育の費用、法定福利費等々を考え、根拠ある数字を出していくことが重要です。会社として適切な費用が計算できれば、今までの工事代金に法定福利費分をプラスした金額を、上請に請求していきましょう。

なお、見積書の記載項目に関して、建設業法上の規定はありません。見積書は本来、各社で作成するものですが、自社での作成が難しい場合は、各業界団体が出している標準見積書の利用が推奨されています。

・国土交通省　各団体の標準見積書式

HP ► https://www.mlit.go.jp/totikensangyo/const/totikensangyo_const_tk2_000082.html

・国土交通省　公共建築工事見積標準書式

HP ► https://www.mlit.go.jp/gobuild/kijun_touitukijyun_s_mitumori_syosiki.htm

■法定福利費を内訳明示した見積書

［図表 2-1］

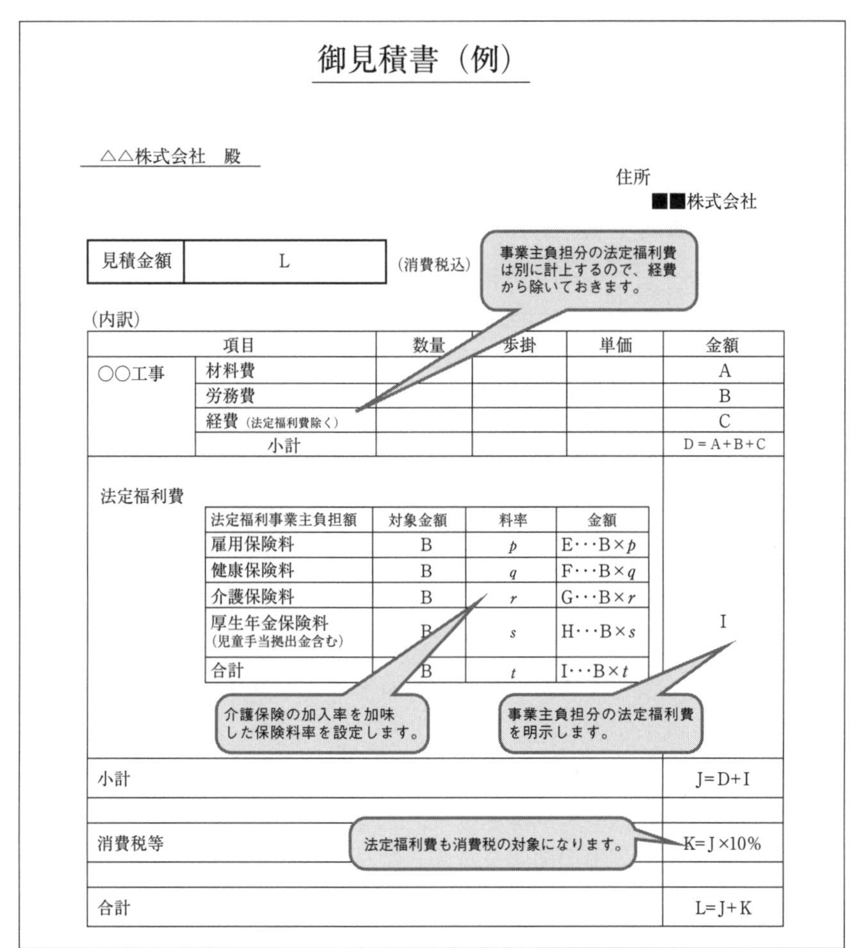

御見積書（例）

△△株式会社　殿

住所
■■株式会社

見積金額	L

（消費税込）

（内訳）

項目		数量	歩掛	単価	金額
○○工事	材料費				A
	労務費				B
	経費（法定福利費除く）				C
	小計				D＝A＋B＋C
法定福利費					I
小計					J＝D＋I
消費税等					K＝J×10%
合計					L＝J＋K

法定福利事業主負担額	対象金額	料率	金額
雇用保険料	B	p	E･･･B×p
健康保険料	B	q	F･･･B×q
介護保険料	B	r	G･･･B×r
厚生年金保険料（児童手当拠出金含む）	B	s	H･･･B×s
合計	B	t	I･･･B×t

事業主負担分の法定福利費は別に計上するので、経費から除いておきます。
介護保険の加入率を加味した保険料率を設定します。
事業主負担分の法定福利費を明示します。
法定福利費も消費税の対象になります。

■予定価格の積算体系

［図表 2-2］

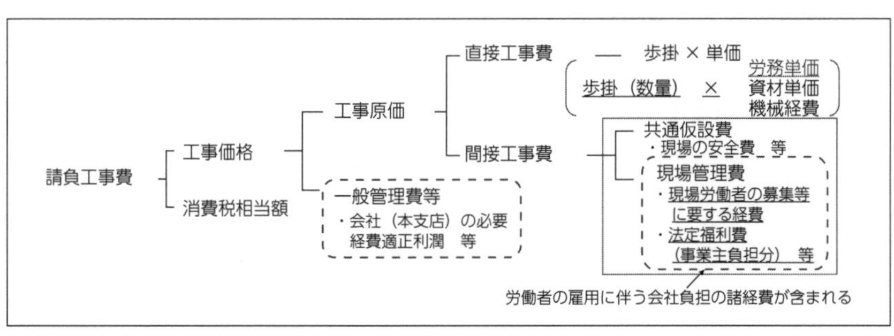

国土交通省「公共工事設計労務単価の概要」より

[図表 2-3]

費目名	内　容
現場管理費	労務管理費、租税公課、保険料、従業員（作業員）給与手当、施工図等作成費、退職金、法定福利費、福利厚生費、事務用品費、通信交通費、補償費、その他
一般管理費等	役員報酬、従業員（事務員）給与手当、退職金、法定福利費、維持修繕費、事務用品費、通信交通費、動力用水光熱費、調査研究費、広告宣伝費、交際費、寄付金、地代・家賃、減価償却費、租税公課、保険料、契約保証費、雑費
	営業利益

2 法定福利費とは

法定福利費とは、法律上の支払義務がある社会保険料の事業主負担分のことをいいます。作業員の法定福利費は、建設業法 19 条の 3 に規定する「通常必要と認められる原価」に含まれ、それぞれの工事ごとの請負金額の中で確保する必要があります。従来の取引慣行では、トン単価や平米単価による見積りが一般的で、法定福利費の取扱いがわかりにくい状況でした。そこで従来の総額による見積書ではなく、法定福利費を内訳明示して計上することとなりました。

平成 25 年 9 月に、国土交通省・厚生労働省や建設業団体で構成される「社会保険未加入対策推進協議会」で申合せがされ、業界全体の取組みとして見積書の活用が開始されました。これは、見積書に法定福利費を明示することで、元請・下請間で必要な法定福利費の確保につなげることを目的としたものです。国土交通省としても、「社会保険の加入に関する下請指導ガイドライン」などで、法定福利費を内訳明示した見積書の提出・尊重を要求しています。

■法定福利費の算出

法定福利費に当たる事業主負担分の社会保険料は、保険に加入する労働者の賃金をもとに決まります。工事ごとに発生する現場作業員の労務費と合わせ、工事ごとに法定福利費を算出します。

■請負工事費見積作業　全体の流れ

［図表 2-4］

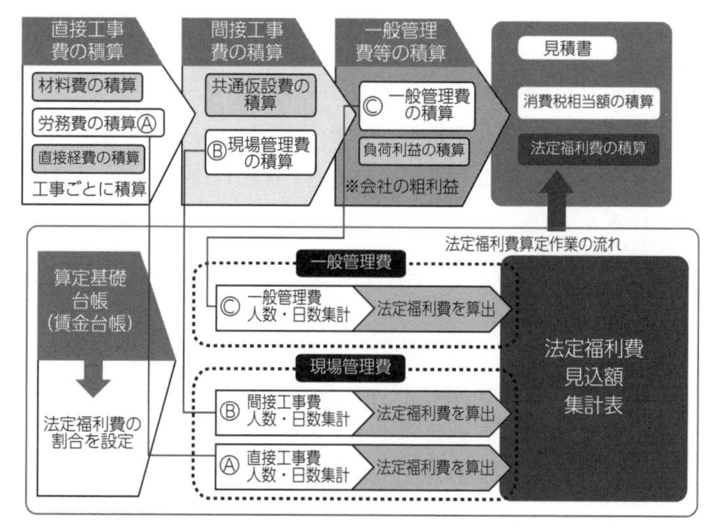

■法定福利費を内訳明示した見積書の作成手順

STEP 0　見積書に記載する内訳を確認

見積書には、主に材料費、労務費、一般管理費などを書きますが、法定福利費の算出には「労務費」の算出が必要です。

STEP 1　工事ごとの労務費を算出

労務費は、企業ごとの実態に応じた方法で算出します。純粋に労務費を積み上げた見積りがない場合は、

(a)　数量ごとに歩掛かりで計算

(b)　工事全体の標準的な労務費比率を用いて計算　します。

STEP 2　労務費をもとに法定福利費を算出

法定福利費を算出するには、労務費に対象となる社会保険の保険料率を乗じることが必要です。

STEP 3　見積書に法定福利費を明示

見積書には、見積工事費総額だけでなく、法定福利費額を記載します。

〈法定福利費の算出方法〉

法定福利費＝①労務費×②対象となる保険の料率

① 見積り段階での労務費の算出の方法

・工事に必要な人工数等がわかる場合→人工数を用いる

・工事価格に占める労務費の割合がわかる場合→労務費比率を用いる

・労務費算出が困難な場合→下記(a)または(b)で計算

(a) 数量ごとに歩掛かりで計算

法定福利費＝工事数量×数量あたりの平均的な法定福利費

→工事費の増減等が労務費と比例している工事について使用することが適当です。

(b) 工事全体の標準的な労務費比率を用いて計算

法定福利費＝工事費×工事費あたりの平均的な法定福利費の割合

→自社の施工実績に基づくデータ等を用いて工事費に含まれる平均的な法定福利費の割合等をあらかじめ算出し、個別工事ごとの費用の簡便な算出に用いる方法です。

② 対象となる法定保険料率の把握

各企業が内訳明示する保険料の範囲は、下記の５つうち、該当する保険料の事業主負担分です。ただし、各保険に年齢要件あります。また、現場作業員か否かでも範囲が異なります（►図表2-5）。

・雇用保険料
・健康保険料
・介護保険料
・厚生年金保険料
・子ども・子育て拠出金

■内訳明示する「法定福利費」とは [図表 2-5]

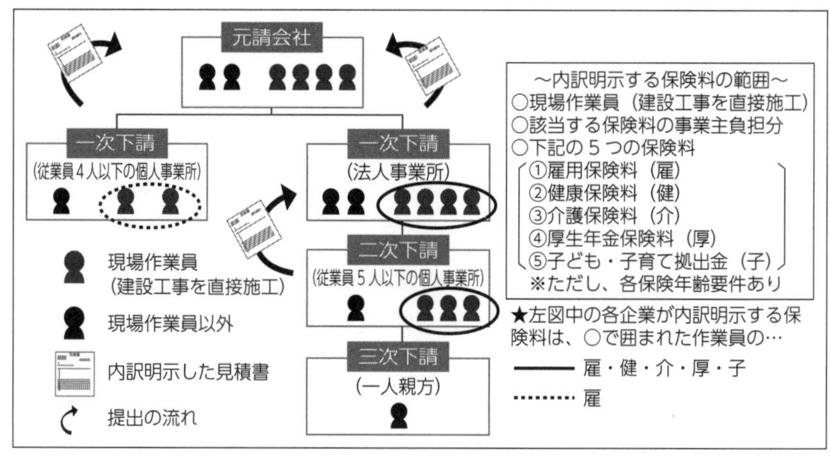

国土交通省「法定福利費を内訳明示した見積書の作成手順（簡易版）」より一部変更

3 施工体制台帳からみる適切な保険

適切な保険に加入しているかは、施工体制台帳の中の書類の1つである作業員名簿で確認をすることができます。作業員名簿は1社ごとに作成されており、各自の保険の状況の記載もあります。

ところが、外注である一人親方や他社の作業員を、同じ作業員名簿に載せているケースがあります。この場合、雇用なのか請負なのかを明確にし、雇用であれば自社の保険へ加入させ、外注であれば再下請負通知書を作成して、その外注会社としての作業員名簿の作成が必要です。

雇用か請負かの判断は、国土交通省の「働き方自己診断チェックリストの運用方法」を参考にしましょう。チェックリスト（►図表2-8）により、形式ではない本当の一人親方かどうかを判断できます。

■ケース１　施工体制台帳を作成する工事での確認

［図表 2-6］

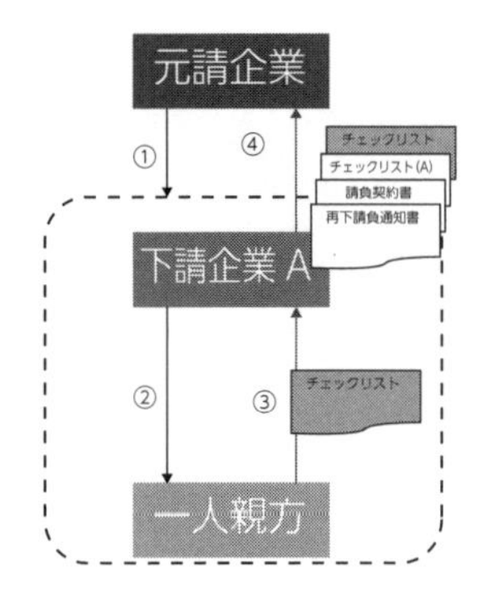

① 元請企業は施工体制台帳の作成建設工事の通知時に②〜④を行うよう働きかける。なお、元請企業が直接一人親方と請負契約を締結する場合は、②〜④の手順に準じて一人親方の働き方を確認すること。

② 一人親方と直接、請負契約を締結する企業（以下、下請企業Ａとする）は、一人親方に工事を依頼する前にチェックリストで一人親方の働き方を確認・記入する。

③ 一人親方は請負契約を締結する前の見積時に、当該工事を完成させる際の働き方をチェックリストで確認・記入し、下請企業Ａに提出する。

④ 下請企業Ａは一人親方との関係を記載した再下請負通知書および請負契約書、下請企業Ａおよび一人親方が記入したチェックリストを元請企業に提出する。下請企業が数次にわたる場合は、上位発注者を通じて元請企業に提出する。

⑤ 元請企業は請負契約書とチェックリストの内容を確認するとともに、現場入場等の機会を通じて一人親方本人に対し、現場作業に従事する際の実態を確認すること。

⑥ 契約書の内容が建設工事の完成を目的とした契約でない場合やチェックリストの結果が労働者と考えられる場合、元請企業は下請企業Ａに対して雇用契約の締結等を促す。

■ケース２　施行体制台帳の作成を要しない工事での確認

① 元請企業は見積依頼の際に、一人親方に工事を依頼する下請企業がいる場合は②〜④を行うよう働きかける。なお、元請企業が直接一人親方に見積依頼を行う場合は、②〜④の手順に準じて一人親方の働き方を確認すること。

② 一人親方と直接、注文書および請書による相互交付を行う企業

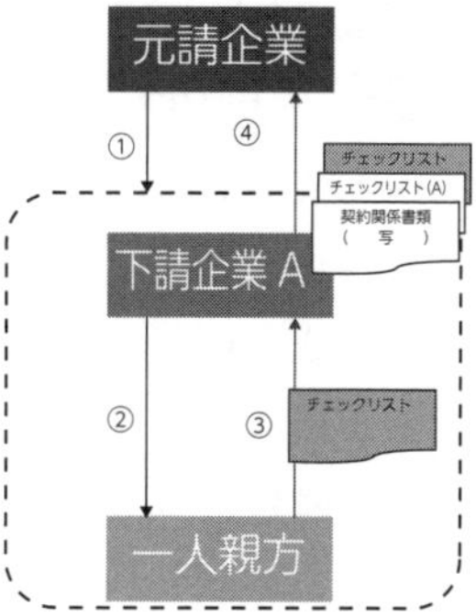

（以下、下請企業Aとする）は一人親方に工事を依頼する前にチェックリストで一人親方の働き方を確認・記入する。

③　一人親方は見積りを依頼された際に、当該工事を完成させる際の働き方をチェックリストで確認・記入し、下請企業Aに提出する。

④　下請企業Aは見積書を元請企業に提出する際に、一人親方から提出された契約関係書類の写し、下請企業Aおよび一人親方が記入したチェックリストを提出する。下請企業が数次にわたる場合は、上位発注企業を通じて元請企業に提出する。

⑤　元請企業はチェックリストと契約関係書類の写しの内容を確認するとともに、一人親方本人に対し現場作業に従事する際の実態を確認すること。その結果、建設工事の完成を目的とした作業でない場合やチェックリストの結果が労働者と考えられる場合、元請企業は下請企業Aに対して雇用契約の締結等を促す。

[図表 2-7]

元請企業
①
④
チェックリスト
チェックリスト(A)
契約関係書類
（　写　）
下請企業A
②
③
チェックリスト
一人親方

■ケース3　新規入場者教育等での確認

①　元請企業は新規入場者教育時の新規入場者調査票等で一人親方かそうでないかを確認する。

②　一人親方には「働き方自己診断チェックリスト」で働き方を確認し、チェックリストの提出を求める。

③　チェックリストに多く該当する場合は、下請企業Aに対して雇用契約の締結等を促す。

4 社会保険の加入に関する下請指導ガイドライン

国土交通省は、元請企業および下請企業の取組みの指針となる「社会保険の加入に関する下請指導ガイドライン」を策定しています。そこでは「平成29年度以降については、元請企業に対し、社会保険に未加入である建設企業を下請企業として選定しないよう要請するとともに、適切な保険に加入していることを確認できない作業員については、特段の理由がない限り現場入場を認めない取扱いを求める」等の対策を示しています。

さらに、働き方改革により建設業において労働基準法の時間外労働の上限規制が適用されることから、請負人として扱うべき者であるかについて、より適切な判断が必要となっており、令和4年4月より改訂された下請指導ガイドラインが適用されています。

■下請指導ガイドラインの取扱いについて

〈対象となる業種および作業員について〉

下請指導ガイドラインは「建設業を営むもの」が対象になっています。そのため測量業や警備業等は対象外です。また、「建設工事に従事する者」が下請指導ガイドラインの対象であるため、建設工事に該当しない資材納入や調査業務、清掃業務や残土運搬業務等に従事する者の保険加入状況まで把握しようとするものではありません。もちろん、警備業等他の業種の労働者も、法令に基づき適切な保険に加入することが必要です。

〈社会保険について〉

建設業法施行規則14条の2において、建設工事に従事する者の社会保険加入等の状況を施工体制台帳に記載することとされています。そのため、「下請指導ガイドライン」においても、健康保険法または国民健康保険法による医療保険、国民年金法または厚生年金保険法による年金および雇用保険法による雇用保険を、確認および指導の対象とします。

なお、「下請指導ガイドライン」は法令上加入義務のある保険への加入を求めているものであり、加入義務のない保険に加入することを求めているものではありません。

〈働き方自己診断チェックリストの運用方法について〉

働き方自己診断チェックリストは、一人親方自身や一人親方と直接、請負契約を締結する企業および一人親方の実態の適切性を確認する元請企業等が使用することを想定しています。

〈実態が雇用労働者であるにもかかわらず、一人親方として仕事をさせていることが疑われる例の取扱いについて〉

「下請指導ガイドライン」において、「年齢が10代の技能者で一人親方として扱われているもの」「経験年数が3年未満の技能者で一人親方として扱われているもの」については、未熟な技能者の処遇改善や技能向上の観点から雇用関係への誘導を求めているところです。

ただし、働き方自己診断チェックリストで働き方を確認した結果、雇用労働者に当てはまらず、かつ請け負った工事に対し自らの技能と責任で完成させることができる場合は、元請企業、直接一人親方と請負契約を締結する企業および一人親方の3者で確認をとった後に、一人親方として現場に入場することは差し支えありません。

■働き方の自己診断チェックリスト

[図表 2-8]

技能者の方々へ

雇用契約を締結せず、現場作業に従事されている方は、働き方を確認し、チェックリストのＢが多く当てはまる場合は、雇用契約の締結を検討しましょう。

働き方の自己診断チェックリスト

現在のあなたの働き方について、該当する方の□に✓印を入れてください。

		A	B
Point 1 依頼に対する諾否	仕事先から仕事を頼まれたら、断る自由はありますか？	□ 自分に断る自由がある	□ 自分に断る自由はない
Point 2 指揮監督	日々の仕事の内容や方法はどのように決めていますか？	□ 毎日の仕事量や配分、進め方は、基本的に自分の裁量で決定する	□ 毎日、会社から仕事量や配分、進め方の具体的な指示を受けて働く
Point 3 拘束性	仕事先から仕事の就業時間（始業・終業）を決められていますか？	□ 基本的には自分で決められる	□ 会社などから具体的に決められている
Point 4 代替性	あなたの都合が悪くなった場合、頼まれた仕事を代わりの人に行わせることはできますか？	□ 代役を立てることも認められている	□ 代役を立てることは認められていない
Point 5 報酬の労務対償性	あなたの報酬（工事代金又は賃金）はどのように決められていますか？	□ 工事の出来高見合い	□ 日や時間あたりいくらで決まっている
Point 6 資機材等の負担	仕事で使う材料又は機械・器具等は誰が用意していますか？	□ 自分で用意している	□ 会社が用意している
Point 7 報酬の額	同種の業務に従事する正規従業員と比較した場合、報酬の額はどうですか？	□ 正規従業員よりも高額である	□ 正規従業員と同程度か、経費負担を引くと同程度よりも低くなる
Point 8 専属性	他社の業務に従事することは可能ですか？	□ 自由に他社の業務に従事できる	□ 実質的に他社の業務を制限され、特定の会社の仕事だけに長期にわたって従事している

国土交通省「働き方の自己診断チェックリスト」より

働き方自己診断チェックリストは、現場作業に従事する際の実態を確認するため、以下の人が使用することを想定しています。

〈使用する人〉

・雇用契約を締結せず建設工事に従事する一人親方
・一人親方と直接、請負契約を締結する建設企業

〈使い方〉

・一人親方は、契約する工事ごとに当該工事を完成させる際の働き方を確認する。
一人親方と直接、請負契約を締結する建設企業は、工事を発注する前に当該一人親方の働き方を確認する。
・チェックリスト記入者が一人親方の場合、直接請負契約を締結している建設企業名および担当者名を記入する。一人親方と直接、請負契約を締結する事業者がチェックリスト記入者となる場合は一人親方の氏名を記載する。
・働き方を確認し、チェックリストのＢが多く当てはまる場合は、雇用契約の締結を検討する。
・電子データでの提出可。

■元請企業の役割と責任

元請企業は請け負った工事の全般について、下請企業よりも広い責任と権限を持っているため、元請企業はその請け負った建設工事におけるすべての下請企業に対して、適正な契約の締結、適正な施工体制の確立、雇用・労働条件の改善、福祉の充実等について指導・助言その他の援助を行うことが期待されています。

特に、社会保険未加入問題については、対策を進め、加入を徹底することで、技能労働者の雇用環境の改善や、不良不適格業者（適切な保険へ加入できていない事業者）の排除に取り組むことが求められているため、下請指導の取組みをしなくてはいけないことになっています。

[図表 2-9]

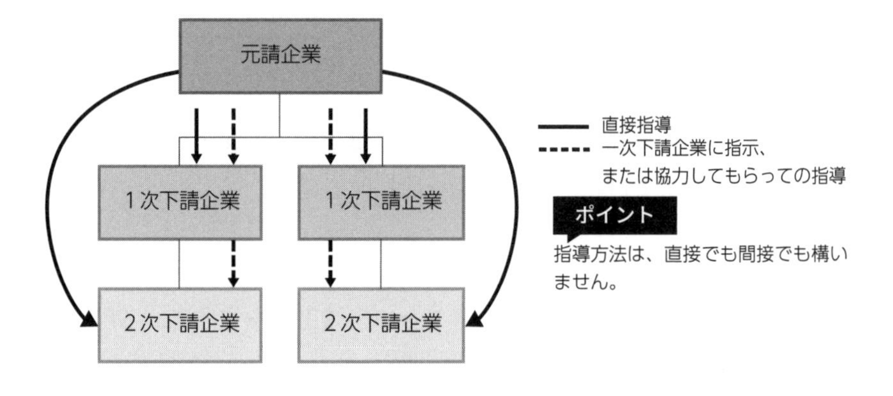

〈協力会社組織を通じた指導等〉

・協力会社の社会保険加入状況について定期に把握を行うこと。

・協力会社組織を通じた社会保険の周知啓発や加入勧奨を行うこと。

・適正に加入していない協力会社が判明した場合には、早期に加入手続を進めるよう指導すること。実態が雇用労働者であるにもかかわらず社会保険の適用除外者である一人親方として作業員名簿に記載するケースや、個々の工事で４人以下の適用除外者を記載した作業員名簿を提出する個人事業主が実際には５人以上の常用労働者を雇用すると判明するケースなど、不自然な取扱いが見られる協力会社についても、事実確認をした上で適正に加入していないと判明した場合には、同様に指導を行うこと。

・社会保険の未加入企業が二次や三次等の下請企業に多くみられる現状に鑑み、協力会社から再下請企業に対してもこれらの取組みを行うよう指導すること。

〈下請企業選定時の確認・指導等〉

元請企業は、下請企業の選定にあたって、法令上の義務があるにもかかわらず適切な社会保険に加入しない建設企業は、社会保険に関する法令を遵守しない不良不適格業者であるということ

（公共工事の入札及び契約の適正化を図るための措置に関する指針参照）を踏まえた対応が必要であるとされています。

適用除外でもないのに未加入の場合は、早期に加入手続をするよう指導しましょう。社会保険を確認する場合は、真正性の確保された以下の方法で行います。

① 建設キャリアアップシステム（CCUS）を活用しての確認

② 保険料の領収済通知書等関係資料のコピー

③ 公的機関のサイトで検索

・雇用保険→厚生労働省　労働保険適用事業場検索

HP ► http://chosyu- 4 web.mhlw.go.jp/LIC_D

・厚生年金→日本年金機構　厚生年金・健康保険　適用事業所検索システム

HP ► https://www.nenkin.go.jp/do/search_section/

〈再下請負通知書を活用した確認・指導等〉

再下請負通知書に健康保険、厚生年金保険および雇用保険の加入状況に関する事項を記載することとされているため、発注者から直接建設工事を請け負った元請負人においては、再下請負通知書を活用して下請負人の社会保険の加入状況を確認することができます。

このため、建設業者たる元請企業は、再下請負通知書の「健康保険等の加入状況」欄により下請企業が社会保険に加入していることを確認する必要があります。

■再下請負通知書　例

[図表 2-10]

年　月　日

再下請負通知書

直近上位注文者名 ＿＿＿＿＿＿＿＿

【報告下請負業者】

住　所 ＿＿＿＿＿＿＿＿

元請名称・事業者ID	

会社名・事業者ID ＿＿＿＿＿＿＿＿

代表者名 ＿＿＿＿＿＿＿＿

《自社に関する事項》

工事名称及び工事内容			
工　期	自　年　月　日 至　年　月　日	注文者との契約日	年　月　日

建設業の許可	施工に必要な許可業種	許　可　番　号	許可（更新）年月日
	工事業	大臣 特定 知事 一般　第　号	年　月　日
	工事業	大臣 特定 知事 一般　第　号	年　月　日

健康保険等の加入状況	保険加入の有無[1]	健康保険	厚生年金保険	雇用保険
		加入　未加入 適用除外	加入　未加入 適用除外	加入　未加入 適用除外
	事業所整理記号等	営業所の名称[2] / 健康保険[3]	厚生年金保険[4]	雇用保険[5]

監督員名		安全衛生責任者名	
権限及び意見申出方法		安全衛生推進者名	

1. 各保険の適用を受ける営業所について届出を行っている場合には「加入」、行っていない場合（適用を受ける営業所が複数あり、そのうち一部について行っていない場合を含む）は「未加入」、従業員規模等により各保険の適用が除外される場合は「適用除外」を○で囲む。
2. 請負契約に係る営業所の名称を記載。
3. 事業所整理記号及び事業所番号（健康保険組合にあっては組合名）を記載。一括適用の承認に係る営業所の場合は、本店の整理記号及び事業所番号を記載。
4. 事業所整理記号及び事業所番号を記載。一括適用の承認に係る営業所の場合は、本店の整理記号及び事業所番号を記載。
5. 労働保険番号を記載。継続事業の一括の認可に係る営業所の場合は、本店の労働保険番号を記載。

※2～5については、直近上位の注文者との請負契約に係る営業所以外の営業所で再下請負業者との請負契約を行う場合には欄を追加。

《再下請負関係》

再下請負業者及び再下請負契約関係について次のとおり報告いたします。

会社名・事業者ID		代表者名	
住所 電話番号			
工事名称及び工事内容			
工期	自　年　月　日 至　年　月　日	契約日	年　月　日

建設業の許可	施工に必要な許可業種	許可番号	許可（更新）年月日
	工事業	大臣 特定 知事 一般　第　号	年　月　日
	工事業	大臣 特定 知事 一般　第　号	年　月　日

健康保険等の加入状況	保険加入の有無[1]	健康保険	厚生年金保険	雇用保険
		加入　未加入 適用除外	加入　未加入 適用除外	加入　未加入 適用除外
	事業所整理記号等	営業所の名称[2] / 健康保険[3]	厚生年金保険[4]	雇用保険[5]

現場代理人名		安全衛生責任者名	
権限及び意見申出方法		安全衛生推進者名	
主任技術者名	専任 非専任	雇用管理責任者名	
資格内容		専門技術者名	
		資格内容	
		担当工事内容	

一号特定技能外国人の従事の状況（有無）	有　無	外国人建設就労者の従事の状況(有無)	有　無	外国人技能実習生の従事の状況(有無)	有　無

1. 各保険の適用を受ける営業所について届出を行っている場合には「加入」、行っていない場合(適用を受ける営業所が複数あり、そのうち一部について行っていない場合を含む)は「未加入」、従業員規模等により各保険の適用が除外される場合は「適用除外」を○で囲む。
2. 請負契約に係る営業所の名称を記載。
3. 事業所整理記号及び事業所番号(健康保険組合にあっては組合名)を記載。一括適用の承認に係る営業所の場合は、本店の整理記号及び事業所番号を記載。
4. 事業所整理記号及び事業所番号を記載。一括適用の承認に係る営業所の場合は、本店の整理記号及び事業所番号を記載。
5. 労働保険番号を記載。継続事業の一括の認可に係る営業所の場合は、本店の労働保険番号を記載。

国土交通省「社会保険の加入に関する下請指導ガイドライン（改定版）」より

〈作業員名簿を活用した確認・指導等〉

作業員名簿を確認することで、建設工事の施工現場で就労する建設労働者について保険の加入状況を把握することができます。内容を確認し、下記に該当する作業員がいる場合は、適切な保険に加入するように指導する必要があります。

・全部または一部の保険について空欄となっている作業員
・法人に所属し、健康保険欄に「国民健康保険」と記載され、または（および）年金保険欄に「国民年金」と記載されている作業員
・個人事業所で５人以上の作業員が記載された作業員名簿において、健康保険欄に「国民健康保険」と記載され、または（および）年金保険欄に「国民年金」と記載されている作業員

〈各作業員の保険加入状況の確認〉

建設キャリアアップシステム（CCUS）の画面等において作業員名簿を閲覧して、保険加入状況の確認を行うことを原則とします。この場合は証明書類の添付は不要です。

建設キャリアアップシステム（CCUS）を使用せず、社会保険の加入確認を行う場合、元請企業は下請企業に対し、健康保険証のコピー、標準報酬決定通知書等関係資料のコピー、雇用保険被保険者証のコピー等（保険加入状況の確認に必要な事項以外を黒塗りしたもの）を提示させる（電子データによる確認も含みます）など、真正性の確保に向けた措置を講じる必要があります。

■現場入場が認められる「特段の理由」

保険加入状況が確認できない場合、元請企業は下記に該当する「特段の理由」がない限り、現場入場は認められません。

・伝統建築の修繕など、当該未加入の作業員が工事の施工に必要な特殊の技能を持っていて、その入場を認めなければ工事の施工が困難となる場合
・当該作業員について社会保険への加入手続中であるなど、今後確実に加入することが見込まれる場合

■社会保険関係について別葉とする作業員名簿　例

［図表 2-11］

元請確認欄	

提出日　　年　　月　　日

作　業　員　名　簿

（　　年　　月　　日作成）

事業所の名称 ＿＿＿＿＿＿　一次会社名 ＿＿＿＿＿＿　（　　）次会社名 ＿＿＿＿＿＿

所長名 ＿＿＿＿＿＿

［退職金共済制度加入について 建退共・中退共・その他・無］　［退職金共済制度加入について 建退共・中退共・その他・無］

番号	ふりがな 氏　名 技能者ID	社会保険		
		健康保険[1]	年金保険[2]	雇用保険[3]

1　上段に健康保険の名称（健康保険組合、協会けんぽ、建設国保、国民健康保険等。※保険者番号及び被保険者等記号・番号は記載しないこと）を記載。上記の保険に加入しておらず、後期高齢者である等により、国民健康保険の適用除外である場合には、上段に「適用除外」と記載。
2　上段に年金保険の名称を記載（厚生年金、国民年金等。※基礎年金番号は記載しないこと）。各年金の受給者である場合は、左欄に「受給者」と記載。
3　下段に被保険者番号の下４けたを記載。日雇労働被保険者の場合には上段に「日雇保険」と記載。事業主である等により雇用保険の適用除外である場合には上段に「適用除外」と記載。

国土交通省「社会保険の加入に関する下請指導ガイドライン（改定版）」より

■既存の様式に社会保険関係を組み込む作業員名簿　例

［図表 2-12］

作　業　員　名　簿

（　　年　　月　　日作成）

事業者の名称
・現場ID ＿＿＿＿＿＿
所長名

本書面に記載した内容は、作業員名簿として安全衛生管理や労働災害発生時の緊急連絡・対応のために元請負業者に提示することについて、記載者本人は同意しています。

元請 確認欄	

提出日　　年　　月　　日

一次会社名
・事業者ID ＿＿＿＿＿＿　（　次）会社名
・事業者ID ＿＿＿＿＿＿

番号	ふりがな	職種	※	生年月日	健康保険[1]	建設業退職金共済制度	教育・資格・免許			入場年月日
	氏名 技能者ID			年齢	年金保険[2] 雇用保険[3]	中小企業退職金共済制度	雇入・職長特別教育	技能講習	免許	受入教育実施年月日
				年　月　日						年　月　日
				歳						年　月　日
				年　月　日						年　月　日
				歳						年　月　日
				年　月　日						年　月　日
				歳						年　月　日

1　左欄に健康保険の名称（健康保険組合、協会けんぽ、建設国保、国民健康保険等。※保険者番号及び被保険者等記号・番号は記載しないこと）を記載。上記の保険に加入しておらず、後期高齢者である等により、国民健康保険の適用除外である場合には、上段に「適用除外」と記載。
2　左欄に年金保険の名称（厚生年金、国民年金等。※基礎年金番号は記載しないこと）を記載。各年金の受給者である場合は、左欄に「受給者」と記載。
3　右欄に被保険者番号の下４けたを記載。日雇労働被保険者の場合には左欄に「日雇保険」と記載。事業主である等により雇用保険の適用除外である場合には左欄に「適用除外」と記載。

国土交通省「社会保険の加入に関する下請指導ガイドライン（改定版）」より

Ⅱ 建設キャリアアップシステム（CCUS）

1 建設キャリアアップシステム（CCUS）とは

建設キャリアアップシステム（CCUS）とは、技能労働者の保有資格・社会保険加入状況や現場の就業履歴などを業界横断的に登録・蓄積して活用する仕組みのことです。技能労働者は異なる様々な現場で日々働いているため、個人能力を評価する業界横断的な統一の仕組みが存在せず、本人のスキルアップが処遇の向上につながらないという構造的な問題を解消するためにつくられました。一般社団法人建設業振興基金が運営主体となり、平成31年4月より本格運用が開始されています。

■建設キャリアアップシステム（CCUS）の概要

〈システムへの技能者情報等の登録〉

建設事業者は商号や現場名・工事内容等を、技能者は本人情報や保有資格・社会保険加入状況等を登録します。

〈カードの交付・現場での読取〉

技能者には個人用のカード（建設キャリアアップカード）が発行され、現場で業務にあたる際にはカードをICカードリーダーに読み取らせ、就業履歴を記録します。技能者の資格や就業履歴は「個々のキャリア」としてデータ化され、システムに蓄積されます。

〈技能レベルのステップアップ〉

蓄積されたデータに対し、客観的な基準を設け、技能者のレベル分けや適正な評価に生かそうというのが基本的な考え方です。

■建設キャリアアップシステムの概要

[図表 2-13]

○「建設キャリアアップシステム」は、技能者の資格や現場での就業履歴等を登録・蓄積し、技能・経験が客観的に評価され、技能者の適切な処遇につなげる仕組み
○これにより、①若い世代がキャリアパスの見通しをもてる、②技能・経験に応じて処遇を改善する、③技能者を雇用し育成する企業が伸びていける建設業を目指す
○システムは、日建連、全建、建専連、全建総連など、業界団体と国が連携して官民一体で普及を推進

<建設キャリアアップシステムの概要>　※システム運営：(一財) 建設業振興基金

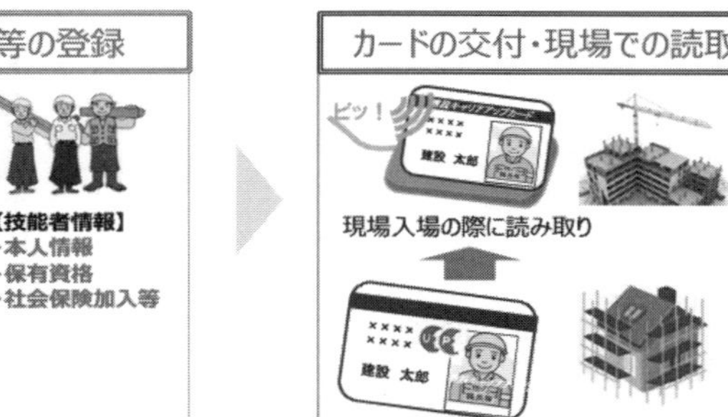

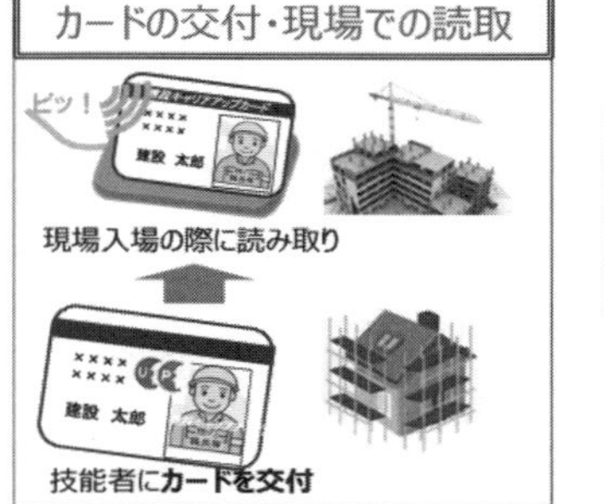

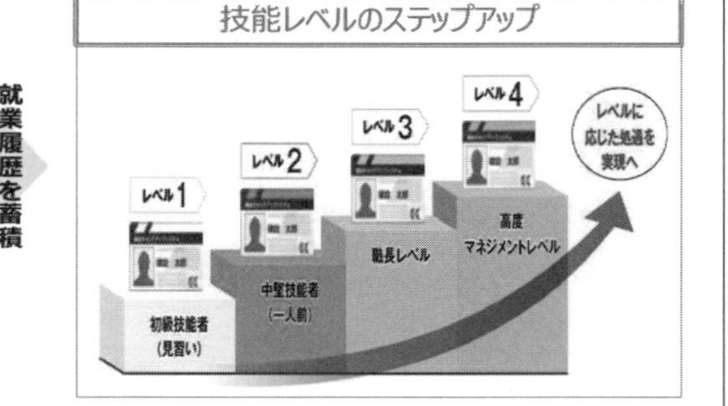

◎現場を支える技能者が、技能・経験に応じて適切に処遇され、働き続けられる環境づくり（働き方改革）
◎技能者の雇用、育成に取り組む企業の成長（生産性向上）
→建設業が「地域の守り手」として将来にわたり持続的な役割を担っていくために必要

国土交通省「建設キャリアアップシステムの概要」より

■建設キャリアアップシステムの利用手順　[図表2-14]

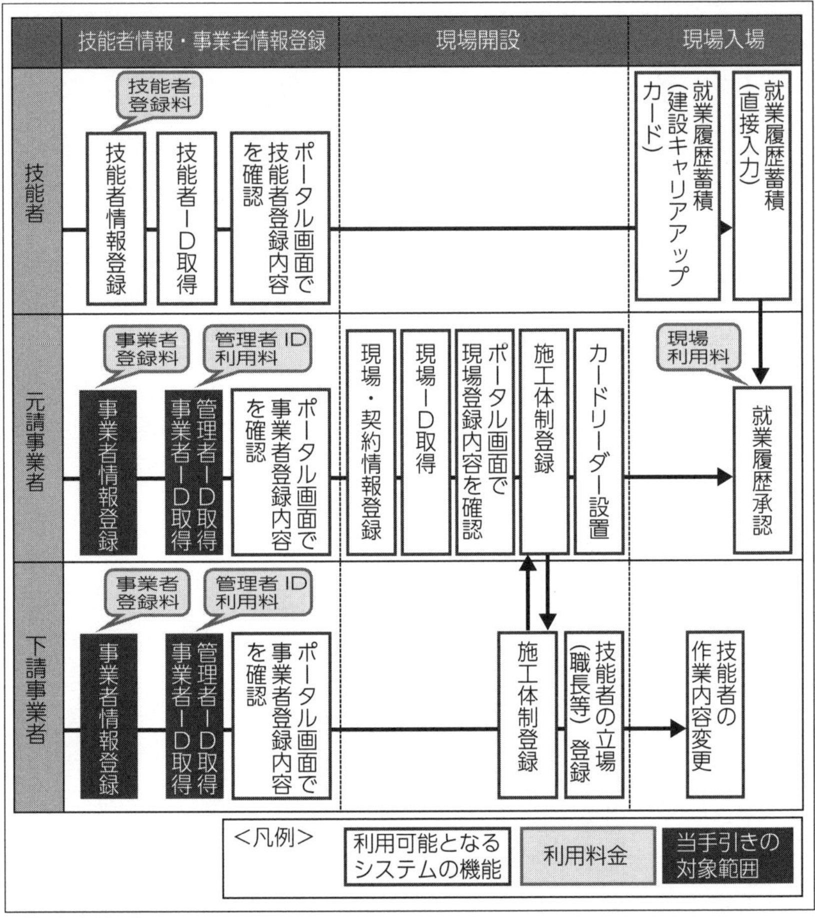

※事業者および技能者がそれぞれに登録をします
「建設キャリアアップシステム『事業者情報登録申請書』の手引」より

2 建設キャリアアップシステム（CCUS）の目指すもの

キャリアパスと処遇の見通しを示し、技能と経験に応じて給与を引き上げることで、将来にわたって建設業の担い手の確保につなげようとしています。併せて、労務単価の引上げや社会保険加入の徹底といった、従来の処遇改善の取組みをさらに加速させることもできます。

■将来の技能者を育成すること

・キャリアパスが見える
・技能者のスキルアップが処遇へつながる
・魅力的な産業へと認識を変える

■技能者のスキルやキャリアの見える化をすること

・個々人の保有資格や保険加入状況等の登録
・就業履歴の蓄積
・カードの色によるレベル分け

[図表 2-15]

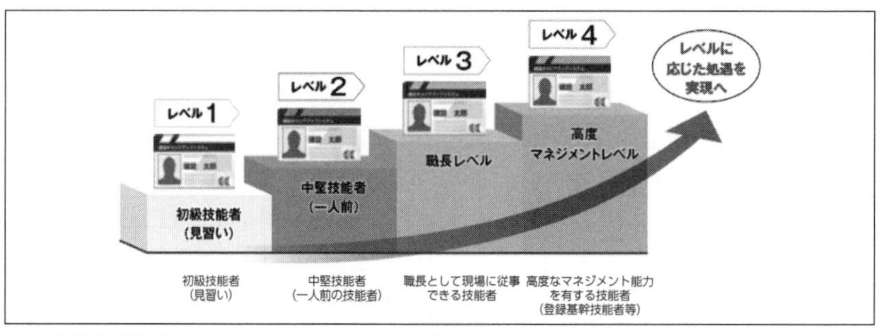

国土交通省「建設キャリアアップシステムの概要」より

■業務負担の軽減

・事業者や技能者のデータを登録することで、社会保険の加入状況、保有資格の確認が容易になる
・建設業退職金共済制度との連動

3 建設キャリアアップシステム（CCUS）普及に向けた推進

官民一体で建設キャリアアップシステム（CCUS）への登録に向けて動いていますが、今はまだ処遇との連動にまでは至っていません。最終的に処遇と連動させていくためには、建設キャリアアップシステム（CCUS）を業界スタンダードに持っていくことが必要です。そのためには、まずは登録数を増やし、メリットを感じてもらうことが重要です。

■ CCUSの更なる普及に向けた重点的取組

［図表 2-16］

元請による現場利用の促進
（元請によるカードリーダー設置等）

公共工事等におけるインセンティブ措置

◎直轄工事におけるモデル工事の実施（WTO 工事等）
◎都道府県では、36 道府県が企業評価を導入
　政令指定都市は 14 市が企業評価を導入
◎経営事項審査において、全建設工事または全公共工事の現場におけるカードリーダー設置等に対して加点措置を施行し（来年 1 月）、現場利用をさらに促進

建退共制度とのデータ連携による掛金納付の簡略化

◎元請や 1 次下請が、CCUS の就業データを建退共の掛金納付と連携できる機能を供用し、事務を簡略化
　※今夏から、元請や 1 次下請が直接に CCUS の就業実績データを建退共の掛金納付の申請に活用できるシステムを供用

技術者専任要件の緩和

◎監理技術者等の現場兼任を認める要件に、CCUS 等による施工体制の把握を位置づけることを検討

労務費や処遇改善への展開

労務費調査との連携（技能者の技能経験に応じた労務費）

◎労務費調査において、CCUS 技能者の技能・経験に応じた賃金実態を把握し、レベル別に賃金目安を示すことにより、能力評価が労務費に反映される方策について検討
　※令和 3 年度の労務費調査では、CCUS 登録技能者（レベル 4）の平均賃金は CCUS 登録技能者（レベル 1～3）より約 14% 高い実態

技能レベルを反映した手当て支給の普及

◎ CCUS の能力評価等を企業独自の手当てに反映する取組を水平展開（現在、20 社を超える大手・中堅ゼネコン等で導入又は検討。地場企業、専門工事業にも取組の広がり。）

公共発注者による週休 2 日工事での活用

◎公共発注者が、CCUS の管理機能を用いて、週休 2 日工事における達成状況を円滑に確認できる機能を供用
　（公共発注者による閲覧機能を内製化）※令和 4 年 12 月から供用予定

【カードリーダー等の購入等に係る経費の助成】CCUS を活用した雇用環境整備を実施する建設事業主団体に対してカードリーダーの購入等に係る経費を助成（厚労省）

国土交通省「社会保険の加入に関する下請指導ガイドライン（改訂版）」より

■ CCUSの能力評価等を反映した手当支給　［図表2-17］

○能力評価等を独自の手当てに反映する取組を、50社超の元請が実施・検討。優良事例について水平展開を継続。
○技能者への手当は、下請企業から支払われるもの、元請企業から直接支払われるものいずれも労務単価に反映。

西松建設	CCUS**レベル別の優良技能者制度**（協力会対象）を実施。 青:500円、銀:1,000円、金:2,000円、（うち特に模範となる方:3,000円/日）。
富士ピー・エス	**FPSマイスター制度**（協力会等対象）**にCCUSレベルを反映。** 銀:1万円/月、金:1.5万円/月（うちPC工事基幹技能者他要件充足:2万円/月）。
村本建設	**評価制度をCCUSのレベル基準へと転換。** 青以下：2,000円（R4.11から）、銀：3,000円、金：3,500円/日。R5.6より推薦要件化も検討。
奥村組	**現場・エリアマイスターはカード保有者、スーパーマイスターは銀以上を条件に。** 手当額：現場1,000円、エリア2,000円、スーパー3,000円/日。
新谷建設	CCUSの**金カード保有者に対し、手当日額200円を支給。** **カード色別手当の導入についても検討中。**
青木あすなろ建設	R3.4より、マイスター制度においてCCUS登録を条件化し、報奨金2,000円/日を支給。 **今後能力種別による金額の差をつけることを検討する予定。**
鴻池組	職長マスターの手当2,000円/日。**金カード保有の職長マスターに対して、手当の増額を検討。**
東急建設	CCUSを東急建設マイスター制度の認定要件に（認定一時金10万円、手当2,000円/日）。現時点では手当一律、**レベル別手当は検討中。**
東洋建設	**CCUSランク**、自社現場従事期間、保有資格を基準とした**優良職長制度（3ランクを設定）の導入を検討中。**
ヤマウラ	CCUS**カード色別の昇給要件**の導入を検討。
鹿島建設	**職長制度・報奨金制度の前提。**民間工事において半額負担としていた**建退共掛金を、CCUS登録技能者については全額負担。**
五洋建設	独自の労務費補正制度（**休日取得目標を達成した場合、労務費を5～10%割増補正払い**）の出勤確認にCCUS履歴を利用可能に。
清水建設	CCUSの金カード保有を優良技能者手当支給の要件に。**CCUS登録技能者の民間工事を含めた建退共掛金を全額負担。**
竹中工務店	CCUSカードの保有を優良技能者の条件に。**民間工事においてCCUS登録を条件として建退共掛金を全額負担。**
三井住友建設	コンストラクション・マイスター制度の認定条件に**CCUS登録を追加。** **CCUS登録技能者について、民間工事含め建退共掛金の全額負担を予定。**
矢作建設工業	民間の鉄道軌道工事に従事する協力会社を対象に、**CCUS登録技能者については、建退共掛金の全額負担を予定。**

【各社優良職長制度における要件化】：淺沼組、大林組、大林道路、熊谷組、佐藤工業、大成建設、大日本土木、東亜建設工業、戸田建設、飛島建設、中山組、日本国土開発、橋本店、長谷工コーポレーション、フジタ、馬淵建設　等

【活用検討中】：安藤ハザマ、大林道路、オリエンタル白石、川田工業、公成建設、ショーボンド建設、大成ロテック、大豊建設、東鉄工業、南海辰村建設、NIPPO、ピーエス三菱、福田組、藤木工務店、不二建設、不動テトラ、前田建設工業、増岡組、松井建設、松尾工務店、宮坂建設工業、宮地エンジニアリング、森本組、守谷商会、山田組、りんかい日産建設　等

※特記なき手当は日額　（R5.4現在、国土交通省調べ）

国土交通省「CCUSの能力評価等を反映した手当支給」より

4 建設キャリアアップシステム(CCUS)における レベル別年収

令和5年6月にCCUS レベル別年収が発表されました（►図表2-20～2-22）。これは、公共事業労務費調査において把握された技能者の賃金実態を踏まえ、各技能者の経験や資格が評価された場合に相当するCCUS レベルに応じ、公共工事設計労務単価の算定と同等に必要な費用を反映した上で、年収額（週休2日を確保した労働日数：234 日）を試算したものです。

実際に支払いを義務付けるところまではいっていませんが、CCUS レベル別年収の公表によって、若い世代が建設業の技能者として入職し、技能・経験を重ねていくことで、将来にわたってどのような処遇を受けるのかをイメージすることができます。このレベル別年収を確実に実現していくためにも、業界全体で建設キャリアアップシステム（CCUS）の定着のための努力が必要です。

コラム

公共工事設計労務単価

公共工事設計労務単価とは、公共工事において、国が発注する際の技能労働者の賃金単価の基準となる指標のことをいいます。毎月10月に公共事業労務費調査があり、一定規模以上の工事に関わる事業所に対して、無作為に調査票が送られてきます。その調査結果をもとに、都道府県別、職種別に集計をされ、公共工事設計労務単価が決定します。平成25年度以降、11年連続で引き上げられています（►図表2-18）。

公共工事設計労務単価は公共工事で利用され、民間工事での利用は義務付けられていませんが、建設キャリアアップシステム（CCUS）のレベル別年収でも、公共工事設計労務単価をベースに考えられていることから、1つの客観的な指標になっています。

公共工事設計労務単価には、事業主が負担すべき必要経費は含まれていないため、労働者1人の雇用に対して必要な経費が他にもかかることに注意が必要です（►図表 2-19）。

■令和５年度３月から運用する公共工事設計労務単価について　[図表 2-18]

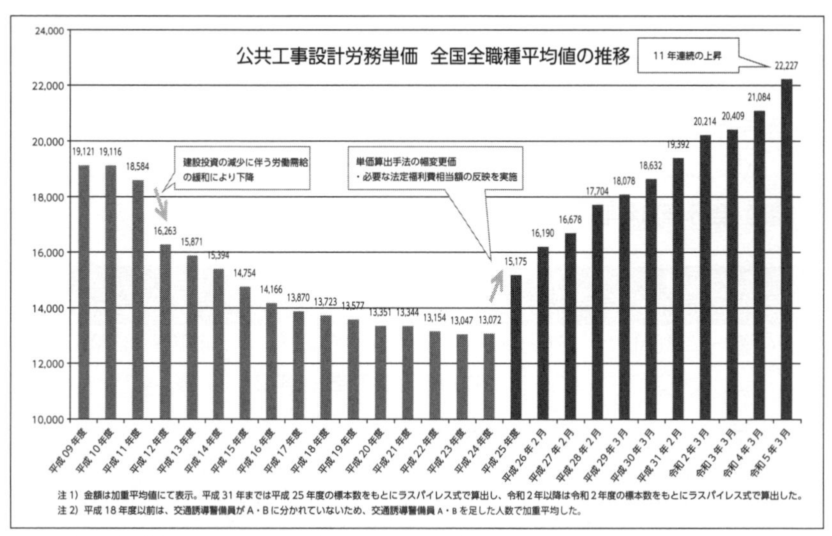

国土交通省「令和５年３月から適用する公共工事設計労務単価について」より

■「公共工事設計労務費単価」と「雇用に伴う必要経費」の関係　[図表 2-19]

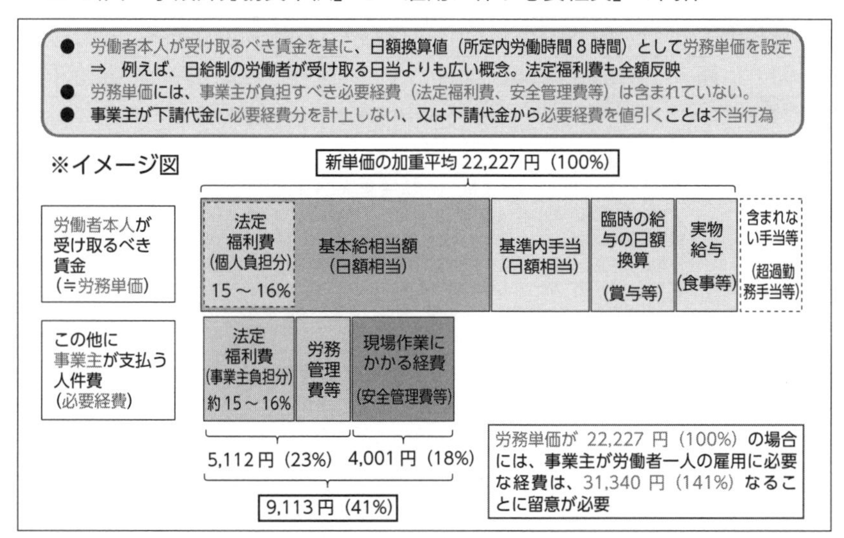

国土交通省「令和５年３月から適用する公共工事設計労務単価について」より

■ CCUS レベル別年収の概要

［図表 2-20］

◎建設キャリアアップシステム（CCUS）の能力評価に応じた賃金の実態を踏まえ、公共工事設計労務単価が賃金として行き渡った場合に考えられるレベル別年収を試算し、公表。
◎レベル別年収の試算の公表を通じて、技能者の経験に応じた処遇と、若い世代がキャリアパスの見通しを持てる産業を目指す。
※別途、中央建設業審議会・社会資本整備審議会基本問題小委員会において、適切な労務費の確保等に関する制度改正についても検討

全国（全分野）（年収）

本資料に示す金額に法的拘束力はなく、支払いを義務付けるものではない。

レベル 1（下位～中位）	レベル 2（中位）	レベル 3（中位）	レベル 4（中位～上位）
3,740,000～5,010,000円	5,690,000円	6,280,000円	7,070,000～8,770,000円

「上位」は上位 15% 程度の賃金水準であり、最上値ではない。

分野別でのレベル別年収の試算例

能力評価分野	レベル 4（中位～上位）	能力評価分野	レベル 4（中位～上位）
電気工事	6,250,000円～7,690,000円	型　枠	7,080,000円～8,630,000円
建設塗装	7,030,000円～8,580,000円	配　管	6,120,000円～7,540,000円
左　官	6,760,000円～8,250,000円	と　び	6,970,000円～8,510,000円
機械土工	7,120,000円～8,900,000円	建築大工	6,940,000円～8,470,000円
鉄　筋	6,960,000円～8,490,000円	土　工	6,790,000円～8,490,000円

〈試算条件〉
- CCUS レベル別年収は、令和 4 年度公共事業労務費調査の結果をもとに、CCUS の能力評価分野・レベル別に分析して作成
- 労務費調査においてレベル評価されていない標本点も経験年数と資格を基にレベルを推定（レベル 1 相当：5 年未満、レベル 2 相当：5 年以上 10 年未満、レベル 3 相当：10 年以上又は一級技能士、レベル 4 相当：登録基幹技能者）
- 労務費調査の各レベルの標本において、「上位」の値は上位 15% 程度、「中位」の値は平均、「下位」の値は下位 15% 程度の全国の年収相当として作成（必ずしも「上位」が都市部、「下位」が地方の年収相当を表すものではない）
- 「分野別でのレベル別年収の試算例」では、最新の国勢調査における技能者数が多い 10 分野を記載

国土交通省「建設キャリアアップシステム（CCUS）におけるレベル別年収の公表」より

■ CCUS レベル別年収①

［図表 2 -21］

能力評価分野	レベル 1	レベル 2	レベル 3	レベル 4
	下位～中位～上位	下位～中位～上位	下位～中位～上位	下位～中位～上位
電気工事	3,150,000 ～4,250,000～5,350,000 円	3,750,000～5,030,000～6,310,000 円	4,330,000～5,880,000～7,430,000 円	4,800,000～6,250,000～7,690,000 円
橋　梁	4,530,000 ～6,070,000～7,620,000 円	5,280,000～6,990,000～8,690,000 円	5,870,000～7,830,000～9,790,000 円	6,690,000～8,570,000～10,460,000 円
造　園	3,260,000 ～4,430,000～5,600,000 円	3,680,000～4,860,000～6,050,000 円	3,790,000～5,240,000～6,690,000 円	4,420,000～5,870,000～7,320,000 円
コンクリート圧送	3,740,000 ～4,990,000～6,230,000 円	4,220,000～5,620,000～7,020,000 円	4,400,000～6,110,000～7,820,000 円	5,260,000～7,030,000～8,790,000 円
防水施工	3,710,000 ～4,980,000～6,250,000 円	4,330,000～5,730,000～7,120,000 円	4,810,000～6,420,000～8,020,000 円	5,480,000～7,030,000～8,570,000 円
トンネル	4,530,000 ～6,080,000～7,630,000 円	5,290,000～6,990,000～8,690,000 円	5,870,000～7,830,000～9,790,000 円	6,690,000～8,580,000～10,460,000 円
建設塗装	3,720,000 ～4,990,000～6,250,000 円	4,340,000～5,730,000～7,130,000 円	4,810,000～6,420,000～8,030,000 円	5,490,000～7,030,000～8,580,000 円
左　官	3,570,000 ～4,790,000～6,010,000 円	4,170,000～5,510,000～6,850,000 円	4,630,000～6,180,000～7,720,000 円	5,280,000～6,760,000～8,250,000 円
機械土工	3,790,000 ～5,050,000～6,310,000 円	4,270,000～5,690,000～7,110,000 円	4,460,000～6,190,000～7,920,000 円	5,330,000～7,120,000～8,900,000 円
海上起重	3,840,000 ～5,210,000～6,580,000 円	4,330,000～5,720,000～7,110,000 円	4,460,000～6,160,000～7,870,000 円	5,200,000～6,900,000～8,610,000 円
P　C	4,530,000 ～6,070,000～7,620,000 円	5,280,000～6,990,000～8,690,000 円	5,870,000～7,830,000～9,790,000 円	6,690,000～8,570,000～10,460,000 円
鉄　筋	3,680,000 ～4,930,000～6,190,000 円	4,290,000～5,670,000～7,060,000 円	4,770,000～6,360,000～7,950,000 円	5,430,000～6,960,000～8,490,000 円
圧　接	3,680,000 ～4,930,000～6,190,000 円	4,290,000～5,670,000～7,060,000 円	4,770,000～6,360,000～7,950,000 円	5,430,000～6,960,000～8,490,000 円
型　枠	3,740,000 ～5,010,000～6,290,000 円	4,360,000～5,770,000～7,170,000 円	4,840,000～6,460,000～8,080,000 円	5,520,000～7,080,000～8,630,000 円
配　管	3,080,000 ～4,160,000～5,240,000 円	3,670,000～4,930,000～6,190,000 円	4,240,000～5,760,000～7,270,000 円	4,710,000～6,120,000～7,540,000 円
と　び	3,680,000 ～4,940,000～6,200,000 円	4,300,000～5,680,000～7,070,000 円	4,770,000～6,370,000～7,960,000 円	5,440,000～6,970,000～8,510,000 円

<注>・労務費調査の各レベルの標本において、「上位」の値は、上位 15% 程度、「中位」の値は平均、「下位」の値は下位 15% 程度の全国の年収相当として作成

国土交通省「建設キャリアアップシステム（CCUS）におけるレベル別年収の公表」より

■ CCUS レベル別年収②

[図表 2 -22]

能力評価分野	レベル 1	レベル 2	レベル 3	レベル 4
	下位～中位～上位	下位～中位～上位	下位～中位～上位	下位～中位～上位
内装仕上工事	3,750,000～5,030,000～6,320,000 円	4,380,000～5,790,000～7,200,000 円	4,860,000～6,490,000～8,110,000 円	5,540,000～7,100,000～8,670,000 円
サッシ・CW	3,830,000～5,140,000～6,440,000 円	4,470,000～5,910,000～7,340,000 円	4,960,000～6,620,000～8,270,000 円	5,650,000～7,250,000～8,840,000 円
建築板金	3,760,000～5,040,000～6,320,000 円	4,380,000～5,790,000～7,210,000 円	4,870,000～6,490,000～8,120,000 円	5,550,000～7,110,000～8,670,000 円
外壁仕上	3,570,000～4,790,000～6,010,000 円	4,170,000～5,510,000～6,850,000 円	4,630,000～6,180,000～7,720,000 円	5,280,000～6,760,000～8,250,000 円
ダクト	2,960,000～4,000,000～6,020,000 円	3,520,000～4,730,000～5,940,000 円	4,070,000～5,530,000～6,980,000 円	4,520,000～5,880,000～7,230,000 円
保温保冷	3,290,000～4,440,000～5,590,000 円	3,910,000～5,250,000～6,590,000 円	4,520,000～6,140,000～7,760,000 円	5,020,000～6,530,000～8,040,000 円
グラウト	3,610,000～4,820,000～6,020,000 円	4,080,000～5,430,000～6,780,000 円	4,250,000～5,900,000～7,550,000 円	5,090,000～6,790,000～8,490,000 円
冷凍空調	3,390,000～4,570,000～5,760,000 円	4,030,000～5,410,000～6,790,000 円	4,660,000～6,320,000～7,990,000 円	5,170,000～6,720,000～8,280,000 円
基礎ぐい工事	3,610,000～4,820,000～6,020,000 円	4,080,000～5,430,000～6,780,000 円	4,250,000～5,900,000～7,550,000 円	5,090,000～6,790,000～8,490,000 円
タイル張り	3,030,000～4,060,000～5,100,000 円	3,530,000～4,670,000～5,810,000 円	3,920,000～5,240,000～6,550,000 円	4,470,000～5,730,000～6,990,000 円
消防施設	3,080,000～4,160,000～5,240,000 円	3,670,000～4,930,000～6,190,000 円	4,240,000～5,760,000～7,270,000 円	4,710,000～6,120,000～7,540,000 円
建築大工	3,670,000～4,920,000～6,170,000 円	4,280,000～5,660,000～7,040,000 円	4,750,000～6,340,000～7,930,000 円	5,420,000～6,940,000～8,470,000 円
硝子工事	3,410,000～4,580,000～5,740,000 円	3,980,000～5,260,000～6,550,000 円	4,420,000～5,900,000～7,370,000 円	5,040,000～6,460,000～7,880,000 円
土工	3,610,000～4,820,000～6,020,000 円	4,080,000～5,430,000～6,780,000 円	4,250,000～5,900,000～7,550,000 円	5,090,000～6,790,000～8,490,000 円
ウレタン断熱	3,290,000～4,440,000～5,590,000 円	3,910,000～5,250,000～6,590,000 円	4,520,000～6,140,000～7,760,000 円	5,020,000～6,530,000～8,040,000 円
発破・破砕	4,230,000～5,670,000～7,120,000 円	4,940,000～6,530,000～8,120,000 円	5,480,000～7,310,000～9,140,000 円	6,250,000～8,010,000～9,770,000 円

<注>・労務費調査の各レベルの標本において、「上位」の値は、上位 15% 程度、「中位」の値は平均、「下位」の値は下位 15% 程度の全国の年収相当として作成

国土交通省「建設キャリアアップシステム（CCUS）におけるレベル別年収の公表」より

5 建設キャリアアップシステム(CCUS)導入における事業所のメリット

登録するメリットは以下の通りです。また登録が義務の場合もあります。

■メリット

- 公共工事の加点になる自治体がある
- 経審の加点になる
- 雇用する技能者数、保有資格、社会保険の加入状況等が明らかになる（►図表 2-23）
- 建設業退職金共済制度関係事務の効率化（►図表 2-24）
  電子化された建設業退職金共済制度と連動し、カードのタッチにより、印紙を貼付けや元請への請求を省略できます。
- ハローワークとの連動（►図表 2-25）
  高卒新規学卒求人を行うときに、建設キャリアアップシステム（CCUS）の登録状況を記載できます。
- 建設業定着率の向上（►図表 2-26）
  業界横断的な就業履歴の蓄積やカードのレベルアップにより継続動機が高まります。

■マイページで閲覧できる技能者情報　例　[図表 2-23]

日付	所属事業者				元請事業者			
	事業者 ID	事業者名	法人・個人区分	技能者の所属事業者と異なる場合	事業者 ID	事業者名	現場 ID	現場名
2019/6/12	89734771071022	（株）基金建設	法人		51459048034222	（株）元請 A	61922982715471	A 現場工事
2019/6/13	89734771071022	（株）基金建設	法人		51459048034222	（株）元請 A	61922962715471	A 現場工事
2019/6/17	89734771071022	（株）基金建設	法人		30716371471722	元請 B（株）	74292677932971	B 現場工事
2019/6/18	89734771071022	（株）基金建設	法人		30716371471722	元請 B（株）	74292677932971	B 現場工事
2019/6/26	89734771071022	（株）基金建設	法人		10067263304022	（株）元請 C	67278617688171	C 現場工事

マイページでは、蓄積された就業の記録、保有資格、受講講習、社会保険等加入状況、所属事業者情報の閲覧、プリントアウトが可能です。

■建退共・CCUS 適用民間工事標識シール

［図表 2-24］

独立行政法人勤労者退職金共済機構
建設業退職金共済事業本部 HP より

■新 3K

［図表 2-26］

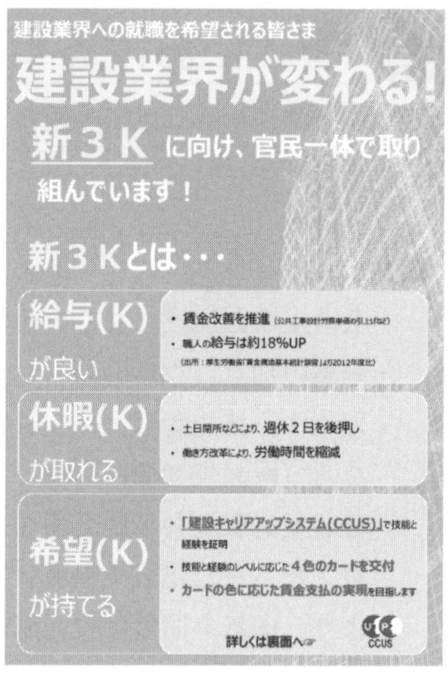

建設キャリアアップシステム HP より

■求人票（高卒）への建設キャリアアップシステム（CCUS）登録状況の明示

［図表 2-25］

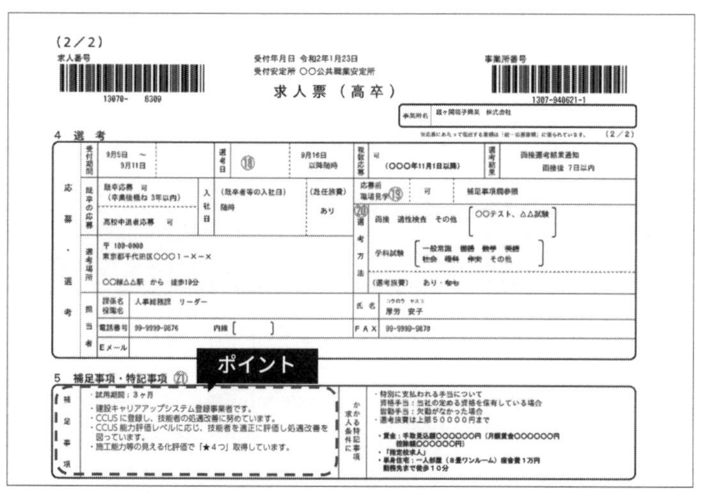

（2／2）

求人番号 13070- 8309

受付年月日 令和2年1月23日
受付安定所 ○○公共職業安定所

求人票（高卒）

事業所番号 1307-940621-1

4 選考

受付期間	9月5日 ～ 9月11日	選考日 ⑱	9月16日 以降随時	複数応募 可（○○○年11月1日以降）
選考結果	面接選考結果通知 面接後 7日以内			
既卒の応募	既卒応募 可（卒業後概ね 3年以内） 高校中退者応募 可	入社日	（既卒者等の入社日）随時	（赴任旅費）あり
応募前職場見学 ⑲	可	補足事項欄参照		
選考場所	〒 100-0000 東京都千代田区○○○1－×－× ○○線△△駅 から 徒歩10分			
⑳ 選考方法	面接 適性検査 その他［○○テスト、△△試験］ 学科試験［一般常識 国語 数学 英語 社会 理科 作文 その他］ （選考旅費） あり・なし			
担当者	課係名 役職名	人事総務課 リーダー	氏名	厚労 安子
	電話番号	99-9999-9876 内線［ ］	FAX	99-9999-9870
	Eメール			

5 補足事項・特記事項 ㉑

ポイント

補足事項
・試用期間：３ヶ月
・建設キャリアアップシステム登録事業者です。
・CCUS に登録し、技能者の処遇改善に努めています。
・CCUS 能力評価レベルに応じ、技能者を適正に評価し処遇改善を図っています。
・施工能力等の見える化評価で「★４つ」取得しています。

求人条件にかかる特記事項
・特別に支払われる手当について
資格手当：当社の定める資格を保有している場合
皆勤手当：欠勤がなかった場合
・選考旅費は上限５００００円まで
・賃金：手取見込額○○○○○○円（月額賃金○○○○○○円 控除額○○○○○○円）
・「指定校求人」
・単身住宅：一人部屋（８畳ワンルーム）寮費１万円 勤務先まで徒歩１０分

厚生労働省「【参考】（求職者向け）高卒求人申込書の見方のポイント」より

ポイント

高卒新規学卒求人を行う際、求人票の補足事項欄には、建設キャリアアップシステム（CCUS）等の登録や取組み状況を必ず記載します。

補足事項	・使用期間：3ヶ月 ・建設キャリアアップシステム（CCUS）登録事業者です。 ・建設キャリアアップシステム（CCUS）に登録し、技能者の処遇改善に努めています。 ・建設キャリアアップシステム（CCUS）能力評価レベルに応じ、技能者を適正に評価し処遇改善を図っています。 ・施工能力等の見える化評価で「★４つ」取得しています。

■登録の義務化

特定技能外国人、技能実習生、外国人建設労働者……義務化
元請事業所からの要請があった場合……義務ではないが推奨

6 海外の建設技能労働者との比較

日本において建設は一般的に3K「きつい・汚い・危険」のイメージがあり、若手人材が集まらない原因ともいわれています。

では、海外の建設技能労働者はどうなのでしょうか。比較すると、歴史的背景、労働組合との関係性、法令による規制、業界全体としての取組等様々な違いが挙げられます。

(1) アメリカ

アメリカでは、新規入職者に対して連邦政府および州政府によって認定された見習い訓練プログラムを４年間受講させます。この公的見習い制度を経た者が正規技能者として認められます。一定の技術を持った正規技能者の賃金は、デービス・ベーコン法による基準賃金と、職業別ユニオンとで締結される労働協約に基づく賃金が最低賃金の根拠となり、公に認められます。日本との大きな違いは、一定の技術力を担保に法律的に賃金が補償されている点です。

(2) スイス

スイスでは職業訓練制度が確立されており、義務教育を修了後、様々な職種の訓練を受講することができるため、早いうちに技能を身に着けることができます。その後、企業での訓練等も実施しますが、経費は本人ではなく、業界が支出し、業界全体で建設技能者を育成していく体制になっています。また、労働組合との労働協約においてレベル別賃金が規定されている点も日本との大きな違いです。

(3) イギリス

イギリスでは、日本の建設キャリアアップシステム（CCUS）のようにカードを用いた制度が運用されています。

■カードの概要

・CSCS（Construction Skills Certification Scheme）
・国家基準に基づく建設技能者の技能レベルや、現場で安全に作業するために必要な知識を有していることを証明するカード
・13種類のランク付け

■活用状況

・カード保有者は190万人（平成26年末）
・法的義務ではない
・運用として、カード保持しない者の現場入場を認めない

日本と海外の建設技能労働者を取り巻く環境の差は、諸外国では労働者を業界､国レベルで支えていることから生じているのかもしれません。

現状のままだと日本の建設業の人手不足は加速する一方ですが、適正な社会保険加入への推進、働き方改革による労働時間の規制、そして、建設キャリアアップシステム（CCUS）の普及といった取組みは、技能労働者の要件定義や、賃金補償等の実現による技能労働者の地位向上の足掛かりになっていくはずです。人材確保は、国や業界全体で考える時期にきているのだと思います。

■イギリスの CSCS カードの概要 ［図表 2-27］

CSCS※ カード（建設技能認証制度、1995 年 4 月～）
※Construction Skills Certification Scheme

制度の概要

【カードの概要】
・国家基準に基づく建設技能者の技能レベルや、現場で安全に作業するために必要な知識を有していることを証明するカード
・資格や才能のレベルを示すために異なる色の等級により 13 種類にランク付けされている。

【カード取得方法】
・安全衛生試験を通ることが必要。不法就労者を排除するため、受験時に運転免許証等による本人確認を実施。3 ～ 5 年毎に再試験・更新が必要。カード発行・更新費用は 47.5￡（カード 30￡、安全試験 17.5￡）。

【活用状況】
・CSCS カードの保有者は約 190 万人（2014 年末）。
・カード発行に関する法的な位置づけや、カード保持の法的な義務はないが、運用として、多くの建設企業や発注者が、CSCS カードを保持しない者の建設工事現場への入場を認めていない。

【事業主体】
・民間団体の CSCS Limited が管理。非営利の有限会社、役員は建設業関係の団体・組合等により構成。

【CSCS カードの見本】
・日本の運転免許証とほぼ同じ大きさ。
・カードには資格情報も格納できる

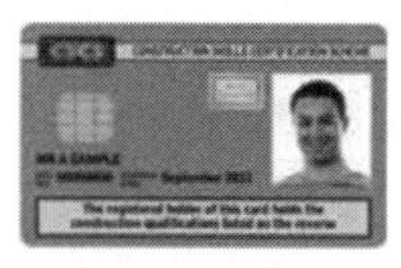

■赤カード：訓練生
■緑カード：建設現場職人、基礎レベル
■青カード：技能者レベル
■金カード：高度技能者、監督レベル
■黒カード：管理者レベル
■黄カード：現場ビジター
□白 / 黄カード：専門資格有資格者（資格を保有している人に限定せず、専門的に能力が認められた人材）
■白 / 灰カード：建設関連業務従事者

【主な用途】
・入退場管理
・従事する業務に必要な資格の確認
・給与支払いのための労働時間管理

出典：◆英国「CSCS Limited」ホームページ
◆財団法人国土技術研究センター「JICE REPORT」vol.19 ／ 2011.7 月
◆財団法人建設業技術者センター「平成 23 年度海外における技術者制度調査業務報告書」より

建設業の死亡災害発生率の国別比較（2006）

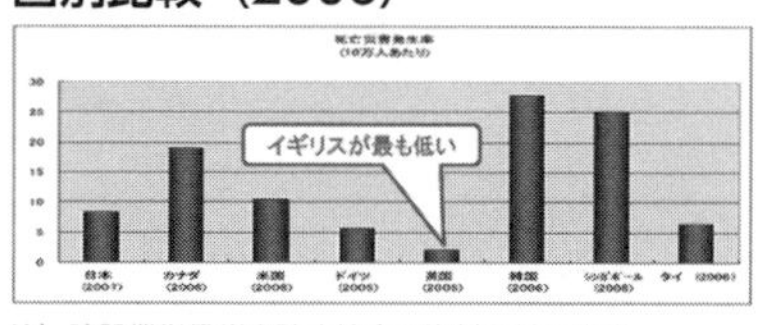

注）建設業労働災害防止協会の資料を基に作成

国土交通省「建設技能労働者の経験が蓄積されるシステムの構築について」より

Ⅲ　働き方改革

1 建設業界の働き方の現状

建設業界は他業界と比較して、年間の総労働時間が長く、週休２日制度がまだまだ定着していないのが現状です（►図表 2-28）。建設業で週休２日制が進まない理由としては、工期の問題があります。各社が週休２日を推進するとともに、工期に関する基準を徹底していかないと、労働条件の改善は難しいといえます。まずは公共工事から始め、民間工事に関しても取組みが広げられることになるでしょう。

国土交通省では民間発注工事も含めた工期の適正化について本腰を入れ始めており、建設業法に規定する「著しく短い工期の禁止」に違反するおそれがあるものに対しては、注意喚起をする取組みを行っています（►図表 2-29）。

時間外労働の上限規制への対応については、各企業での取組みと、適正工期や労務費の確保を同時進行していかなければ、達成は難しいといえます。

ただし、日給月払い制の多い現場作業員においては、週休２日の徹底により休日が増えても、賃金は下がらないような取組みも平行して行っていかなければ、結局、担い手不足につながってしまいます。

■建設業における働き方の現状

[図表 2-28]

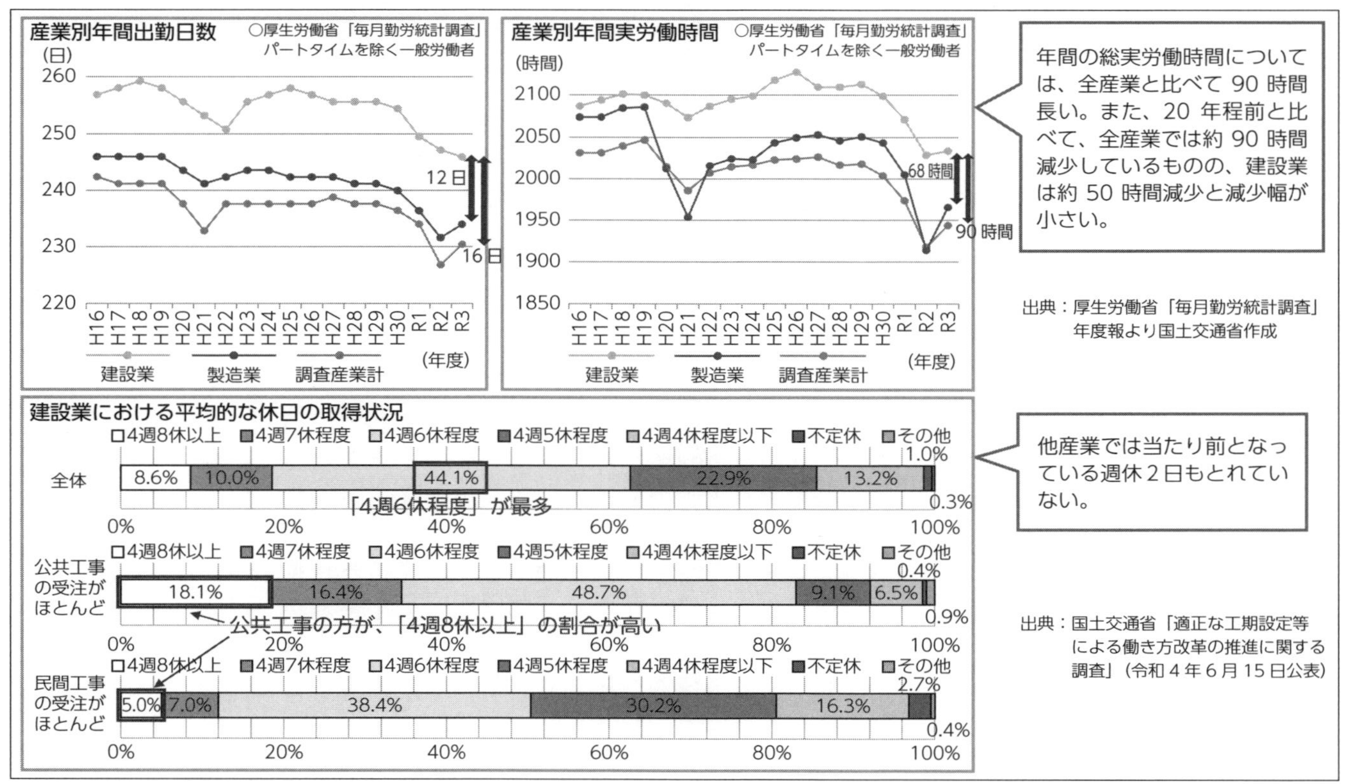

国土交通省「建設業を巡る現状と課題」より

■適正な工期設定

[図表 2-29]

○ 令和元年の公共工事品確法・建設業法・入札契約適正化法一体改正を踏まえ、中央建設業審議会において、「工期に関する基準」を作成・勧告（令和２年７月）。
○ 直轄工事に加え、地方公共団体発注工事においても、「工期に関する基準」を踏まえ、週休２日の確保等を考慮するとともに、その場合に必要となる労務費等を請負代金に適切に反映すること等について要請等を実施。
○ 民間工事についても、「工期に関する基準」作成時に、適正な工期が設定されるよう、関係省庁等を通じて働きかけを実施。

工期に関する基準（令和２年７月中央建設業審議会作成・勧告）
○ 適正な工期の設定や見積りにあたり発注者及び受注者（下請負人を含む）が考慮すべき事項の集合体であり、建設工事において適正な工期を確保するための基準。

第２章 工期全般にわたって考慮すべき事項
・週休２日の確保
（前略）建設業に携わる全ての人にとって建設業をより魅力的なものとしていくためには、他産業と同じように、**建設業の担い手一人ひとりが週休２日（４週８休）を確保**できるようにしていくことが重要である。

公共工事に関する取組
○ 直轄工事では週休２日工事、週休２日交代制モデル工事を順次拡大。国交省直轄工事では令和５年度には原則として全ての工事で発注者指定方式により週休２日を確保することを目指して取組を順次拡大。
○ 地方公共団体に対し、週休２日の確保を考慮した適正な工期の設定に努めることや、必要となる労務費や現場管理費等を請負代金に適切に反映すること等について要請。
○ 週休２日工事を実施している地方公共団体数は着実に増加し、全ての都道府県・政令市（計67団体）で実施。

民間工事に関する取組
○ 厚生労働省主催の会議や経団連での講演、民間発注者に対するモニタリング調査等、様々な機会を通じて、適正な工期設定や週休２日の確保について働きかけを実施。
○ 民間工事における工期設定の状況や週休２日の確保の状況等について実態調査を実施。また、好事例集の公表等を通じて、周知・啓発を実施。

国土交通省「建設業を巡る現状と課題」より

■直轄土木工事における週休２日の「質の向上」に
向けた施策パッケージ [図表 2-30]

(これまで)

平成 28 年度から週休２日モデル工事を実施。令和６年度の労働基準法時間外労働規制適用に向け、取組件数を順次拡大。**【休日の量の確保】**

(これから)

現在のモデル工事は通期で週休２日を目指す内容となっており、月単位で週休２日を実現できるよう取組の推進が必要。**【休日の質の向上】**

施策パッケージ

①週休２日を標準とした取組への移行【令和５年度から適用】
共通仕様書、監督・検査等の基準類を、週休２日を標準とした内容に改正

②工期設定のさらなる適正化【令和５年度から適用】
天候等による作業不能日や猛暑日等を適正に工期に見込めるよう、工期設定指針等を改正

③柔軟な休日の設定【令和５年度に一部工事で試行】
出水期前や供用前など閉所型での週休２日が困難となった場合に、工期の一部を交替制に途中変更できないか検討

④経費補正の修正【令和５年度に検討】
月単位での週休２日工事で実際に要した費用を調査し、現行に代わる新たな補正措置を立案できないか検討（令和５年度は現行の補正係数を継続）

⑤他の公共発注者と連携した一斉閉所の取組を拡大【令和５年度から実施】
※併せて、直轄事務所と労働基準監督署との連絡調整の強化

国土交通省「Ⅱ. 時間外労働上限規制適用までに残された課題について」より

2 働き方改革スケジュール

働き方改革関連法は平成 31 年より順次施行されていますが、建設業では、時間外労働の上限規制について他業種より５年遅れの令和６(2024) 年４月より施行されます。これが「建設業 2024 年問題」といわれる理由です。

建設業における上限規制対応の難しさは、自社だけ解決することができない点にあります。工期が絡むため、発注者側も適正な工期設定や施工時期の平準化など、様々な対策を同時に進めていく必要があります。

ポイント

働き方改革関連法・直近の法改正スケジュール（中小建設業）

平成31年　4月　年次有給休暇の年5日取得義務・
　　　　　　　　労働時間の適正把握義務
令和　2年　4月　賃金請求権の消滅時効　2年→5年（当面の間は3年）
令和　3年　4月　同一労働同一賃金
令和　5年　4月　月60時間超の時間外労働割増率の引上げ
令和　5年10月　インボイス制度スタート
令和　6年　4月　建設業における時間外労働の上限規制

3 時間外労働の上限規制

労働時間は労働基準法によって法定労働時間という上限が決まっており、36協定という労使の合意に基づく手続きをとらなければ、法定労働時間を超えて働くことはできません。時間外労働の上限規制により、36協定で決めた時間外労働の上限について、臨時的な特別な事情がある場合にも上回ってはならない上限が設けられます。建設業以外の業種では大企業は平成31年、中小企業も令和2年にすでに施行されています。

建設業は、時間外労働の適用除外業種とされているので、現状は36協定の範囲内であれば何時間残業をしても問題はありませんでしたが、令和6年4月からは適用となります。

ポイント

時間外労働（残業時間）の上限

〈原　　則〉　月45時間　年360時間
〈特　　例〉　臨時的な特別の事情があって労使が合意した場合

〈特別条項〉 ① 時間外労働……年 720 時間以内

② 時間外労働……月 45 時間超は年 6 回まで

③ 時間外労働＋休日労働……2～6 か月平均で 80 時間以内

④ 時間外労働＋休日労働……単月では 100 時間未満

※災害の復旧・復興の事業を行う場合、当分の間、③と④は適用されません。①と②は、適用除外になりません。

［図表 2-31］

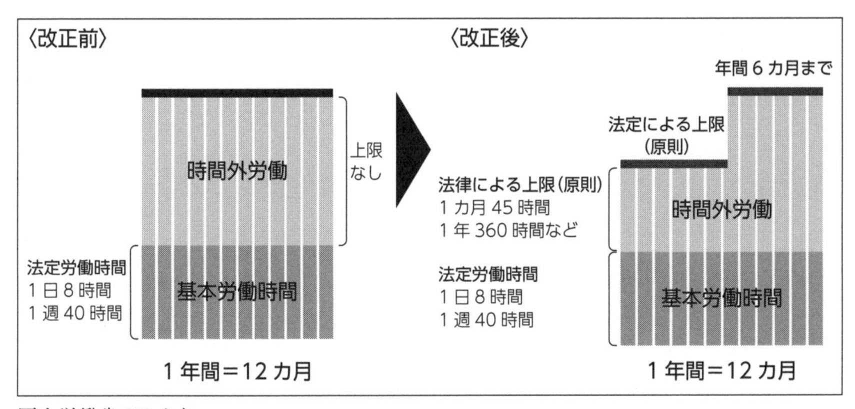

厚生労働省 HP より

■建設業における上限規制の課題

建設作業員の場合、未だ日給制も多く、仕事がある日に出勤しています。そのため、所定労働時間がしっかりと決まっておらず、また決まっていたとしても、法定労働時間を上回るような所定労働時間が設定されており、本来の残業時間を把握することが難しい状況です。まずは所定労働時間を決めること、そして適切な時間管理をし、本来の残業時間がどれくらいあるのかを把握することが重要です。

ポイント

チェックしておくべきパンフレット

［図表 2-32］

［図表 2-33］

建設業の時間外労働の上限規制
に関するＱ＆Ａ

厚生労働省労働基準局

(1) 労働時間の原則

時間外労働の上限規制を理解するためには、労働時間の原則を理解する必要があります。そもそも労働時間とは、使用者の指揮命令下に置かれた時間をいいます。労働基準法においては、法定労働時間は1日8時間、1週40時間までとされており、原則としてこれを超えて働くことはできません。しかし、どの仕事であっても1日8時間で終わらないケースがあり、法定労働時間を超えて働くことを「時間外労働」といいます。そして、従業員に時間外労働・休日労働をさせるには、会社は、従業員の過半数代表あるいは従業員の過半数が加入する労働組合との間で、時間外労働や休日労働の上限時間を定める労使協定（36協定）を締結しなければなりません。

ポイント

[図表 2-34]

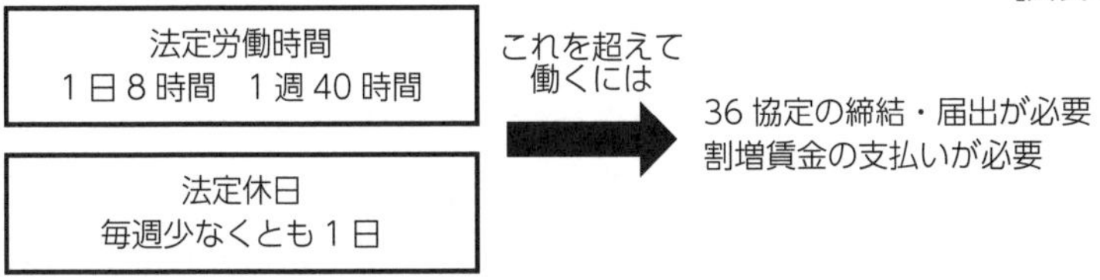

法定労働時間
1日8時間　1週40時間

法定休日
毎週少なくとも1日

これを超えて働くには →
36協定の締結・届出が必要
割増賃金の支払いが必要

36協定の締結・届出および割増賃金の支払いは、所定労働時間・所定休日ではなく、法定労働時間・法定休日を超えた場合に必要です。

(2) 法定と所定の違い

法定とは法律で定めていること、所定とは会社ごとに定めていることをいいます。一般的に「残業」とは、会社の所定労働時間を超えて働くことをいいますが、上限規制される時間外労働とは、法定労働時間を超えるものを指すので、必ずしも会社の残業時間とイコールではありません。

例えば、会社の所定労働時間が9時から17時、休憩1時間の会社であれば、この会社の所定労働時間は7時間となります。18時まで残業をしたとしても、法定労働時間の範囲内となるので、36協定の提出も割増賃金の支払いも不要となります。

[図表 2-35]

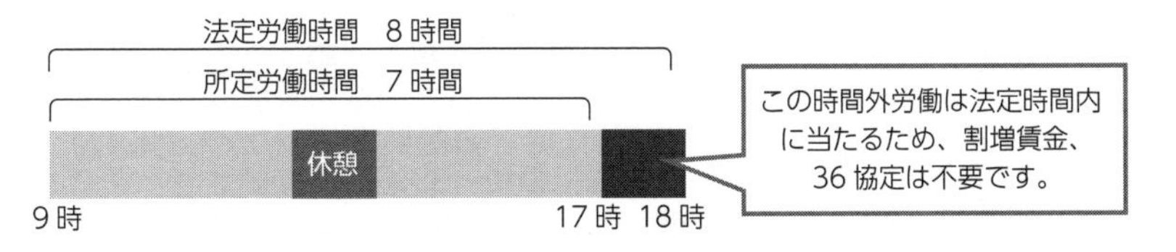

もう1点、注意が必要なのは休日労働です。労働基準法では原則として、使用者は労働者に対して毎週少なくとも1回休日を与えなければならないとされています。このため、「法定」休日とは、1週間につき1日の休日のことをいいます。週休2日の場合は、どち

らかが法定休日、もう１日が所定休日となります。所定休日の労働時間は、時間外労働としてカウントされるので注意が必要です。

(3) 労働時間とは

労働時間とは、使用者の指揮命令下に置かれた時間のことをいいます。例えば現場作業員を抱える事業所では、現場に行く前に荷物の積込み作業、朝礼の時間、現場から事務所に戻り片付けに入る前の休憩等、労働時間なのか休憩なのかの取扱いがあいまいな時間が多いのが実態です。今後、時間外労働の上限規制が行われるにあたって、適切に残業を把握するため、まずは何が労働時間なのかを明確にするところからスタートをする必要があります。

[図表 2-36]

労働時間とされるケース	労働時間ではないとされるケース
・朝礼（会社が義務付けしている場合） ・手待ち時間 ・始業前の準備時間 ・終業後の片付け時間 ・日報の作成時間 ・会社が義務付けしている研修	・休憩時間 ・通勤時間 ・自己啓発で参加している研修

■厚生労働省労働基準局が示す「労働時間の範囲」

建設業の時間外労働の上限規制に関する Q&A（抜粋）

① いわゆる「手待時間」

使用者の指示があった場合には即時に業務に従事することを求められており、労働から離れることが保障されていない状態で待機等している時間（いわゆる「手待時間」）は、労働時間に当たる。例えば、クレーン車のオペレーターが夜間に重機を現場まで移動させ、工事が始まるまでの間、現場で待機している時間については、オペレーターが使用者の指揮命令下にあり、自由が確保されていない場合は労働時間に当たる。

② 移動時間

直行直帰や、移動時間については、移動中に業務の指示を受けず、業務に従事することもなく、移動手段の指示も受けず、自由な利用が保障されているような場合には、労働時間に当たらない。

③　着替え、作業準備等の時間
　使用者の指示により、就業を命じられた業務に必要な準備行為（着用を義務付けられた所定の服装への着替え等）や業務終了後の業務に関連した後始末（清掃等）を事業場内において行う時間は、労働時間に当たる。
④　安全教育などの時間
　参加することが業務上義務付けられている研修や教育訓練を受講する時間は、労働時間に当たる。

ポイント

よく「手待ち時間は仕事をしていないから休憩なのでは？」という質問を受けます。労働基準法でいう休憩時間とは、労働者が自由に使える時間のことをいうので、たとえ作業をしていなかったとしても、使用者の指示が出たらすぐに動ける時間は、完全な自由が約束をされている時間ではないので、労働時間になります。休憩という取扱いにしたければ、一定の時間、現場を離れることができ、本人の自由に使える時間とする必要があります。

■移動時間の取扱いについて

建設業は、現場により労働をする場所が異なります。そのため移動時間が労働時間になる場合とならない場合があります。ここでは、移動時間に関する代表的な裁判例を紹介します。

〈労働時間とカウントした裁判例〉

総設事件　（東京地判平成 20.2.22）

【事　　案】　工事請負業の元配管工らが一方的即日解雇を理由に残業代金、解雇予告手当を請求した事案
（労働者一部勝訴）

【事案概要】　上下水道、各種配管工事の請負等を業務とする会社Ｙの元配管工ら２名（Ｘ１・Ｘ２）が、Ｙから一方的に即日解雇されたとして、在職中の残業代金及び解雇予告手当を請求した事案である。

東京地裁は、まず未払いとする残業代金請求につき、始業前の準備や終業後の片付け、日報の作成時間などは指揮命令下の時間であり、また移動時間についても就業時間であるとして、請求を一部認め割増賃金の支払いを命じた（2年を超えて遡る分は時効を適用）。解雇予告手当請求については、両名とも会社との交渉の中で合意の上、退職したものと解するのが相当として棄却した。

〈労働時間にあたらないとした裁判例〉

阿由葉工務店事件（東京地判平成 14.11.15）

【事　　案】　ＸがＹ（会社）に対し、現場までの移動に要した時間等の時間外勤務手当等の支払を求めた事案

【事案概要】　建築現場で職務に就く社員の所定労働時間は午前8時から午後6時。出勤にあたっては、会社事務所に立ち寄り、車両で単独または複数で建築現場に向かい、この車両による移動は、会社が命じたものではなく、車両運転者、集合時刻等も移動者の間で任意に定めている。そのため、この移動時間は通勤としての性格が強く、使用者の指揮命令下にはあたらないとされた。

ポイント

現場作業員の場合は、乗合で現地に向かうケースが多いと思います。この２つの判決から考えると、会社の車に乗ることや一度会社に立ち寄ることで労働時間の扱いになるのではなく、「移動に関して会社が詳細な指示をしているかどうか？」が重要だとわかります。

■移動時間についての対応策

労働時間は「使用者の指揮命令下」に置かれた時間と説明をしてきましたが、移動時間についても同様です。会社として、時間外労働の上限規制に対応するためには、まずは直行直帰を推奨するなど、移動時間は労働時間ではないとする方針にすべきでしょう。

例えば、朝に積込み等の作業をすると、積込み時間からその後の移動時間についても労働時間としてカウントされることになりますが、積込みを前日の夜に終わらせれば、翌朝は直行できます。

また、長距離の移動にかかる労働者の負担を踏まえ、車で複数人が同乗して現場に向かう場合、運転をする人については労働時間として扱い、運転手当を支給するというのも１つの方法です。もちろん同一人物が運転すれば長時間労働になりかねないので、運転も交替制にする必要があります。

上限規制への対応はメリハリある時間管理と労使双方の歩み寄りが必要です。働き方改革の先の「担い手確保」も念頭に置き、働きやすさや待遇の改善という視点でも見るようにしましょう。

[図表 2-37]

労働時間として考える場合	労働時間ではないとして考える場合
・運転者にのみ運転手当 →運転者以外は自由（睡眠、食事、ゲーム等）、もしくは運転を交代制にする ・運転単価と労働時間単価を区別 →労働時間である以上、最低賃金は必要（※ 1）	・通勤時間として取り扱う →直行直帰の推進 ・出張として取り扱う（※ 2） →出張手当の支払い

※１　運転単価は、法定時間外での移動が見込まれるので「× 1.25」になります。
※２　出張中の移動時間は、労働拘束性が低いため、労働時間に当たりません。
ただし、移動中もメールやチャットをしている、仕事仲間を目的地まで連れていく責任がある、業務に必要な物品の運搬、管理を任されているなどの場合は例外です。

(4) 36協定届の作成

36協定の様式の種類について、建設業において現在は限度時間の適用除外業種となっているため様式第9号の4（►図表2-39）で対応しますが、令和6年4月以降は時間外労働の上限規制が適用になるため変更されます。

〈原則〉　令和6年3月31日まで　様式9号の4（※）
　　　　　令和6年4月1日以降　特別条項なし → 様式第9号
　　　　　　　　　　　　　　　特別条項あり → 様式第9号の2

※令和6年4月1日以前であっても、時間外労働の上限規制に対応済であれば様式第9号もしくは様式第9号の2を使用して構いません。

■ 36協定の様式の種類　[図表2-38]

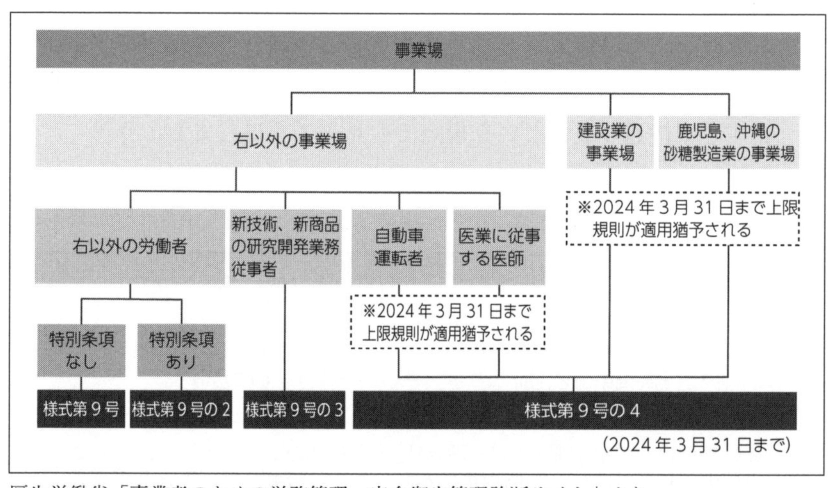

厚生労働省「事業者のための労務管理・安全衛生管理診断サイト」より

■ 36協定の有効期間が令和6年の4月1日をまたぐ場合

時間外労働の上限規制の適用は、適用猶予期間の終了後の令和6年4月1日以降における協定期間の切り替えの時期から開始されます。例えば、有効期間が令和5年9月1日～令和6年8月31日の事業所であれば、令和6年9月1日からが上限規制の適用になります。そのため36協定の様式も4月1日時点に作成し直すのではなく、有効期間の切り替えの時期から変更になります。

ただし、時間外労働と休日労働の合計が単月100時間以上になる場合、および2〜6か月の平均で80時間を超える場合に関しては、36協定の有効期間にかかわらず規制が適用になるので、注意が必要です。

■様式9号の4　記入例【令和6年3月31日まで】　[図表2-39]

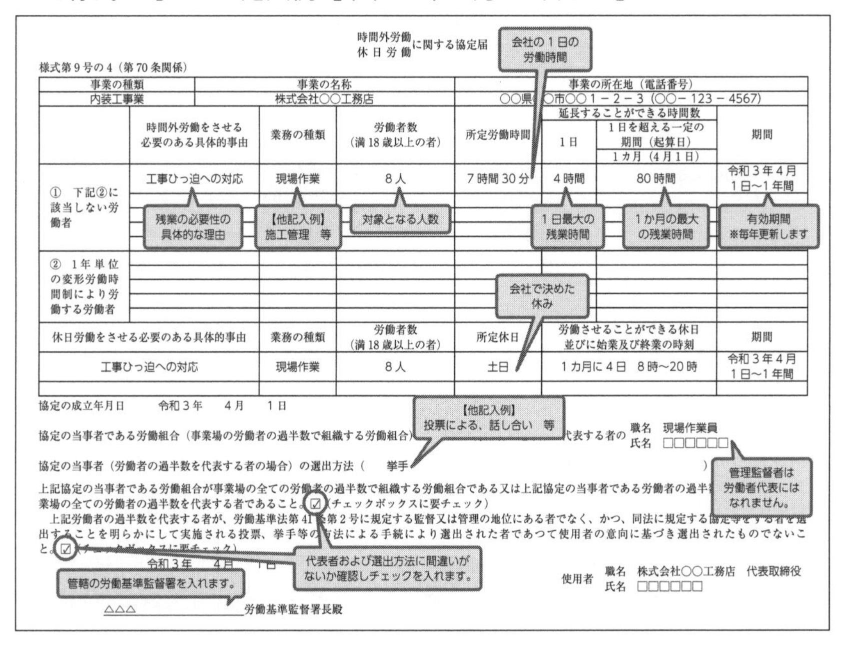

時間外労働・休日労働に関する協定届

様式第9号の4（第70条関係）

事業の種類	事業の名称	事業の所在地（電話番号）
内装工事業	株式会社〇〇工務店	〇〇県〇〇市〇〇1－2－3（〇〇－123－4567）

	時間外労働をさせる必要のある具体的事由	業務の種類	労働者数（満18歳以上の者）	所定労働時間	延長することができる時間数 1日	延長することができる時間数 1日を超える一定の期間（起算日） 1カ月（4月1日）	期間
① 下記②に該当しない労働者	工事ひっ迫への対応	現場作業	8人	7時間30分	4時間	80時間	令和3年4月1日〜1年間
② 1年単位の変形労働時間制により労働する労働者							

休日労働をさせる必要のある具体的事由	業務の種類	労働者数（満18歳以上の者）	所定休日	労働させることができる休日並びに始業及び終業の時刻	期間
工事ひっ迫への対応	現場作業	8人	土日	1カ月に4日　8時〜20時	令和3年4月1日〜1年間

協定の成立年月日　令和3年　4月　1日

協定の当事者である労働組合（事業場の労働者の過半数で組織する労働組合）…代表する者の　職名　現場作業員　氏名　□□□□□□

協定の当事者（労働者の過半数を代表する者の場合）の選出方法（　挙手　）

上記協定の当事者である労働組合が事業場の全ての労働者の過半数で組織する労働組合である又は上記協定の当事者である労働者の過半…業場の全ての労働者の過半数を代表する者であること。☑（チェックボックスに要チェック）

上記労働者の過半数を代表する者が、労働基準法第41条第2号に規定する監督又は管理の地位にある者でなく、かつ、同法に規定する協定等をする者を選出することを明らかにして実施される投票、挙手等の方法による手続により選出された者であつて使用者の意向に基づき選出されたものでないこと。☑（チェックボックスに要チェック）

令和3年　4月　1日

使用者　職名　株式会社〇〇工務店　代表取締役　氏名　□□□□□□

△△△　労働基準監督署長殿

■手続フローチャート

［図表 2-40］

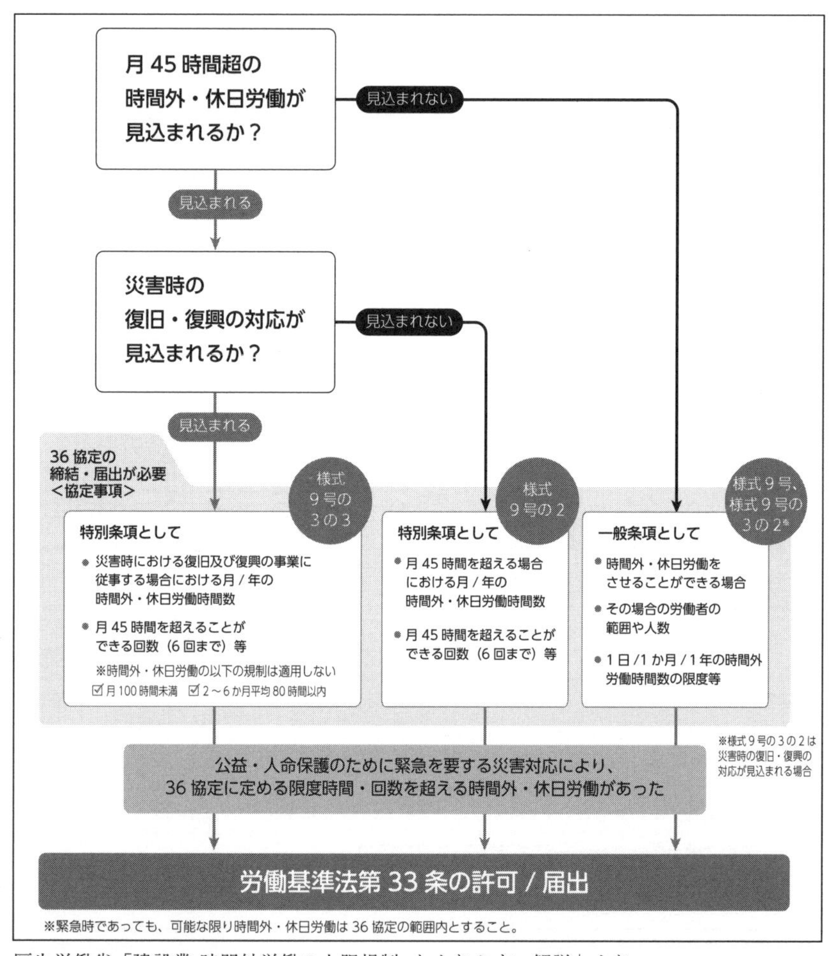

厚生労働省「建設業 時間外労働の上限規制　わかりやすい解説」より

■様式９号　記入例

[図表 2-41]

36 協定届の記載例（月 45 時間超の時間外・休日労働が見込まれず、災害時の復旧・復興の対応が見込まれない場合）（様式９号（第 16 条第１項関係））

労働時間の延長及び休日の労働は必要最小限にとどめられるべきであり、労使当事者はこのことに十分留意した上で協定するようにしてください。なお、使用者は協定した時間数の範囲内で労働させた場合であっても、労働契約法第５条に基づく安全配慮義務を負います。

- 36 協定で締結した内容を協定書（本様式）に転記して届け出てください。
  36 協定書（本様式）を用いて 36 協定を締結することもできます。その場合には記名押印又は署名など労使双方の合意があることが明らかとなるような方法により締結することが必要です。必要事項の記載があれば、協定届様式以外の形式でも届出できます。
- 36 協定の届出は電子申請でも行うことができます。
- （任意）の欄は、記載しなくても構いません。

表面

様式第９号（第 16 条第１項関係）

時間外労働・休日労働 に関する協定届

労働保険番号	□□□□□□□□□□□□□□□□□□□（都道府県／所掌／管轄／基幹番号／枝番号／被一括事業場番号）
法人番号	□□□□□□□□□□□□□

事業の種類	事業の名称	事業の所在地（電話番号）	協定の有効期間
土木工事業	○○建設株式会社　○○営業所	（〒○○○ ○○○○）○○市○○町１−２−３（電話番号：○○○ − ○○○○ − ○○○○）	○○○○年４月１日から１年間

	時間外労働をさせる必要のある具体的事由	業務の種類	労働者数（満 18 歳以上の者）	所定労働時間（１日）（任意）	1日 法定労働時間を超える時間数	1日 所定労働時間を超える時間数（任意）	1箇月（①については 45 時間まで、②については 42 時間まで） 法定労働時間を超える時間数	1箇月 所定労働時間を超える時間数（任意）	1年（①については 360 時間まで、②については 320 時間まで）起算日（年月日）○○○○年４月１日 法定労働時間を超える時間数	1年 所定労働時間を超える時間数（任意）
① 下記②に該当しない労働者	突発的な仕様変更による納期の切迫	現場作業	10 人	7.5 時間	3 時間	3.5 時間	30 時間	30 時間	250 時間	370 時間
	臨時の受注対応	施工管理	3 人	7.5 時間	2 時間	2.5 時間	15 時間	25 時間	150 時間	270 時間
	機械、工具の故障等への対応	現場管理	3 人	7.5 時間	2 時間	2.5 時間	15 時間	25 時間	150 時間	270 時間
② １年単位の変形労働時間制により労働する労働者	月末の決算事務	経理事務員	5 人	7.5 時間	3 時間	3.5 時間	20 時間	30 時間	200 時間	320 時間
	工程変更	施工管理	3 人	7.5 時間	3 時間	3.5 時間	20 時間	30 時間	200 時間	320 時間

休日労働をさせる必要のある具体的事由	業務の種類	労働者数（満 18 歳以上の者）	所定休日（任意）	労働させることができる法定休日の日数	労働させることができる法定休日における始業及び終業の時刻
臨時の受注対応	施工管理	3 人	土日祝日	1 か月に 1 日	8:30 〜 17:30
機械、工具の故障等への対応	現場管理	3 人	土日祝日	1 か月に 1 日	8:30 〜 17:30

上記で定める時間数にかかわらず、時間外労働及び休日労働を合算した時間数は、１箇月について 100 時間未満でなければならず、かつ２箇月から６箇月までを平均して 80 時間を超過しないこと。☑（チェックボックスに要チェック）

協定の成立年月日　○○○○ 年　3 月　12 日

協定の当事者である労働組合（事業場の労働者の過半数で組織する労働組合）の名称又は労働者の過半数を代表する者の　職名 経理担当事務員　氏名 山田花子

協定の当事者（労働者の過半数を代表する者の場合）の選出方法（　投票による選挙　）

上記協定の当事者である労働組合が事業場の全ての労働者の過半数で組織する労働組合である又は上記協定の当事者である労働者の過半数を代表する者が事業場の全ての労働者の過半数を代表する者であること。☑（チェックボックスに要チェック）

上記労働者の過半数を代表する者が、労働基準法第 41 条第２号に規定する監督又は管理の地位にある者でなく、かつ、同法に規定する協定等をする者を選出することを明らかにして実施される投票、挙手等の方法による手続により選出された者であつて使用者の意向に基づき選出されたものでないこと。☑（チェックボックスに要チェック）

○○○○ 年　3 月　15 日

使用者　職名 代表取締役　氏名 田中太郎

○ ○　労働基準監督署長殿

事業場（工場、支店、営業所等）ごとに協定してください。

労働保険番号・法人番号を記載してください。

この協定が有効となる期間を定めてください。１年とすることが望ましいです。

１年の上限時間を計算する際の起算日を記載してください。その１年においては、協定の内容を変更して再度届け出ることがあった場合でも、起算日は同一の日とする必要があります。

対象期間が３か月を超える１年単位の変形労働時間制が適用される労働者については、②の欄に記載してください。

事由は具体的に定めてください。

業務の範囲を細分化し、明確に定めてください。

１日の法定労働時間を超える時間数を定めてください。

１か月の法定労働時間を超える時間数を定めてください。①は 45 時間以内、②は 42 時間以内です。

１年の法定労働時間を超える時間数を定めてください。①は 360 時間以内、②は 320 時間以内です。

時間外労働と法定休日労働を合計した時間数は、月 100 時間未満、２〜６か月平均 80 時間以内でなければなりません。これを労使で確認の上、必ずチェックを入れてください。チェックボックスにチェックがない場合には、有効な協定届とはなりません。

労働者の過半数で組織する労働組合が無い場合には、36 協定の締結をする者を選ぶことを明確にした上で、投票・挙手等の方法で労働者の過半数代表者を選出し、選出方法を記載してください。使用者による指名や、使用者の意向に基づく選出は認められません。チェックボックスにチェックがない場合には、形式上の要件に適合している協定届とはなりません。

管理監督者は労働者代表にはなれません。

協定書を兼ねる場合には、労働者代表の署名または記名・押印などが必要です。

協定書を兼ねる場合には、使用者の署名または記名・押印などが必要です。

厚生労働省「36 協定届の記載例」より

■様式９号の２（表面） 記入例

[図表 2-42]

36 協定届の記載例（月 45 時間超の時間外・休日労働が見込まれ、災害時の復旧・復興の対応が見込まれない場合）（特別条項）（様式９号の２（第 16 条第１項関係））

臨時的な特別の事情がなければ、限度時間（月 45 時間又は 42 時間・年 360 時間又は 320 時間）を超えることはできません。限度時間を超えて労働させる必要がある場合でも、時間外労働は限度時間にできる限り近づけるように努めてください。

- 臨時的に限度時間を超えて労働させる場合には様式第９号の２の協定届の届出が必要です。
- 様式第９号の２は、☑ 限度時間内の時間外労働についての届出書（１枚目）と、☑ 限度時間を超える時間外労働についての届出書（２枚目）の２枚の記載が必要です。
- １枚目の記載については、前ページの記載例を参照ください。

2 枚目表面

様式第９号の２（第 16 条第１項関係）

時間外労働・休日労働に関する協定届（特別条項）

臨時的に限度時間を超えて労働させることができる場合	業務の種類	労働者数（満 18 歳以上の者）	1日（任意） 延長することができる時間数 法定労働時間を超える時間数	所定労働時間を超える時間数（任意）	1箇月（時間外労働及び休日労働を合算した時間数。100 時間未満に限る。） 限度時間を超えて労働させることができる回数（6回以内に限る。）	延長することができる時間数及び休日労働の時間数 法定労働時間を超える時間数と休日労働の時間数を合算した時間数	所定労働時間を超える時間数と休日労働の時間数を合算した時間数（任意）	限度時間を超えた労働に係る割増賃金率	1年（時間外労働のみの時間数。720 時間以内に限る。） 起算日（年月日）○○○○年４月１日 延長することができる時間数 法定労働時間を超える時間数	所定労働時間を超える時間数（任意）	限度時間を超えた労働に係る割増賃金率
突発的な仕様変更への対応	現場作業	10 人	6 時間	6.5 時間	4 回	60 時間	70 時間	35%	550 時間	670 時間	35%
納期ひっ迫への対応	現場作業	10 人	6 時間	6.5 時間	3 回	60 時間	70 時間	35%	500 時間	620 時間	35%
大規模な施行トラブル対応	施工管理	3 人	6 時間	6.5 時間	3 回	55 時間	65 時間	35%	450 時間	570 時間	35%

限度時間を超えて労働させる場合における手続　労働者代表による事前申し入れ

限度時間を超えて労働させる労働者に対する健康及び福祉を確保するための措置　（該当する番号）①、③、⑩　（具体的内容）対象労働者への医師による面接指導の実施、対象労働者に 11 時間の勤務間インターバルを設定、職場での時短対策会議の開催

上記で定める時間数にかかわらず、時間外労働及び休日労働を合算した時間数は、１箇月について 100 時間未満でなければならず、かつ２箇月から６箇月までを平均して 80 時間を超過しないこと。☑
（チェックボックスに要チェック）

協定の成立年月日　○○○○ 年　3 月　12 日

協定の当事者である労働組合（事業場の労働者の過半数で組織する労働組合）の名称又は労働者の過半数を代表する者の　職名 経理担当事務員　氏名 山田花子

協定の当事者（労働者の過半数を代表する者の場合）の選出方法（ 投票による選挙 ）

上記協定の当事者である労働組合が事業場の全ての労働者の過半数で組織する労働組合である又は上記協定の当事者である労働者の過半数を代表する者が事業場の全ての労働者の過半数を代表する者であること。☑
（チェックボックスに要チェック）

上記労働者の過半数を代表する者が、労働基準法第 41 条第２号に規定する監督又は管理の地位にある者でなく、かつ、同法に規定する協定等をする者を選出することを明らかにして実施される投票、挙手等の方法による手続により選出された者であって使用者の意向に基づき選出されたものでないこと。☑（チェックボックスに要チェック）

○○○○ 年　3 月　15 日

使用者　職名 代表取締役　氏名 田中太郎

○　○　労働基準監督署長殿

（健康確保措置）

①医師による面接指導②深夜業（22 時～５時）の回数制限③終業から始業までの休息時間の確保（勤務間インターバル）④代償休日・特別な休暇の付与⑤健康診断⑥連続休暇の取得⑦心とからだの相談窓口の設置⑧配置転換⑨産業医等による助言・指導や保健指導⑩その他

厚生労働省「36 協定届の記載例」より

■様式9号の3の2（裏面） 記入例

[図表 2-43]

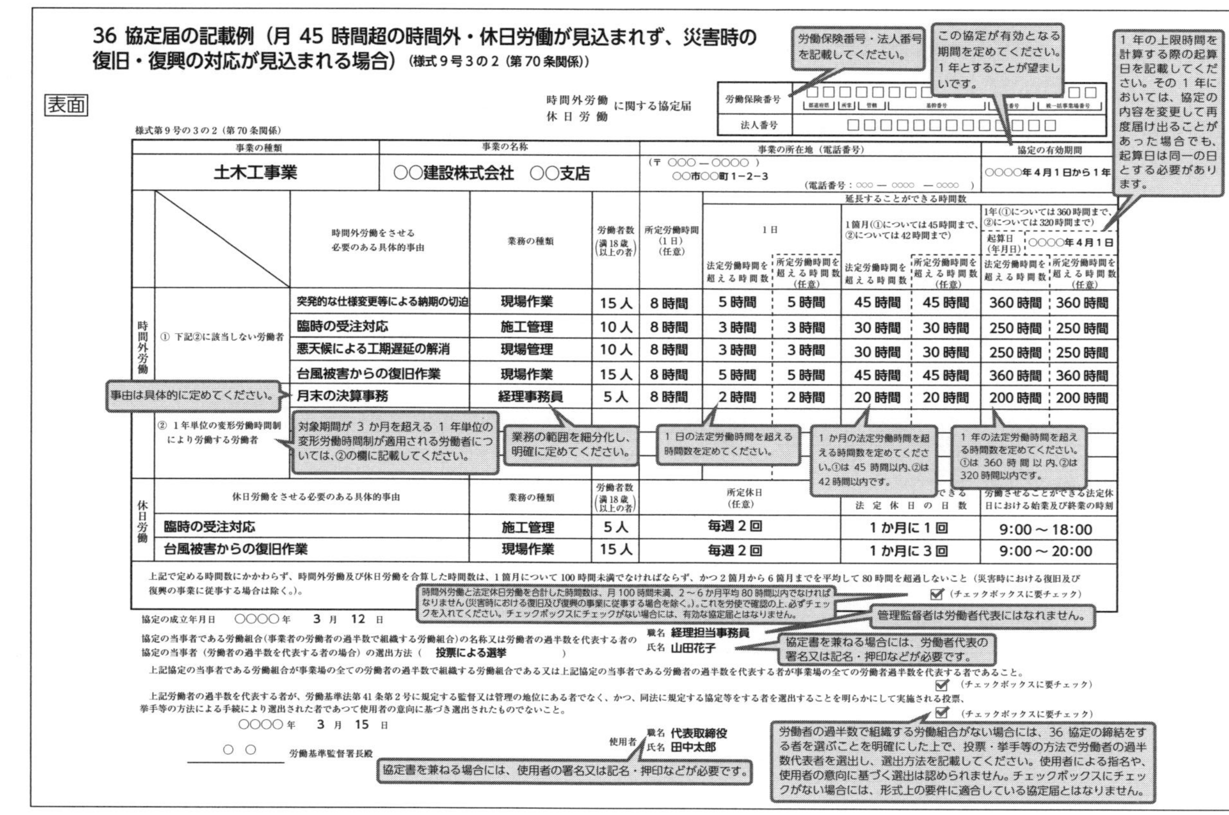

36 協定届の記載例（月 45 時間超の時間外・休日労働が見込まれず、災害時の復旧・復興の対応が見込まれる場合）（様式9号3の2（第70条関係））

表面

時間外労働・休日労働に関する協定届

労働保険番号	□□□□□□□□□□□□□□
法人番号	□□□□□□□□□□□□□

様式第9号の3の2（第70条関係）

事業の種類	事業の名称	事業の所在地（電話番号）	協定の有効期間
土木工事業	○○建設株式会社 ○○支店	（〒 ○○○ ― ○○○○ ）○○市○○町1－2－3（電話番号：○○○ ― ○○○○ ― ○○○○ ）	○○○○年4月1日から1年

時間外労働

	時間外労働をさせる必要のある具体的事由	業務の種類	労働者数（満18歳以上の者）	所定労働時間（1日）（任意）	1日 法定労働時間を超える時間数	1日 所定労働時間を超える時間数（任意）	1箇月（①については45時間まで、②については42時間まで） 法定労働時間を超える時間数	1箇月 所定労働時間を超える時間数（任意）	1年（①については360時間まで、②については320時間まで）起算日（年月日）○○○○年4月1日 法定労働時間を超える時間数	1年 所定労働時間を超える時間数（任意）
① 下記②に該当しない労働者	突発的な仕様変更等による納期の切迫	現場作業	15人	8時間	5時間	5時間	45時間	45時間	360時間	360時間
	臨時の受注対応	施工管理	10人	8時間	3時間	3時間	30時間	30時間	250時間	250時間
	悪天候による工期遅延の解消	現場管理	10人	8時間	3時間	3時間	30時間	30時間	250時間	250時間
	台風被害からの復旧作業	現場作業	15人	8時間	5時間	5時間	45時間	45時間	360時間	360時間
	月末の決算事務	経理事務員	5人	8時間	2時間	2時間	20時間	20時間	200時間	200時間
② 1年単位の変形労働時間制により労働する労働者										

休日労働

休日労働をさせる必要のある具体的事由	業務の種類	労働者数（満18歳以上の者）	所定休日（任意）	労働させることができる法定休日の日数	労働させることができる法定休日における始業及び終業の時刻
臨時の受注対応	施工管理	5人	毎週2回	1か月に1回	9:00～18:00
台風被害からの復旧作業	現場作業	15人	毎週2回	1か月に3回	9:00～20:00

上記で定める時間数にかかわらず、時間外労働及び休日労働を合算した時間数は、1箇月について100時間未満でなければならず、かつ2箇月から6箇月までを平均して80時間を超過しないこと（災害時における復旧及び復興の事業に従事する場合は除く。）。 ☑（チェックボックスに要チェック）

協定の成立年月日 ○○○○年 3月 12日

協定の当事者である労働組合（事業者の労働者の過半数で組織する労働組合）の名称又は労働者の過半数を代表する者の 職名 経理担当事務員
協定の当事者（労働者の過半数を代表する者の場合）の選出方法（ 投票による選挙 ） 氏名 山田花子

上記協定の当事者である労働組合が事業場の全ての労働者の過半数で組織する労働組合である又は上記協定の当事者である労働者の過半数を代表する者が事業場の全ての労働者過半数を代表する者であること。 ☑（チェックボックスに要チェック）

上記労働者の過半数を代表する者が、労働基準法第41条第2号に規定する監督又は管理の地位にある者でなく、かつ、同法に規定する協定等をする者を選出することを明らかにして実施される投票、挙手等の方法による手続により選出された者であつて使用者の意向に基づき選出されたものでないこと。 ☑（チェックボックスに要チェック）

○○○○年 3月 15日

使用者 職名 代表取締役
氏名 田中太郎

○ ○ 労働基準監督署長殿

厚生労働省「36協定届の記載例」より

■様式９号の３の３（裏面）　記入例

[図表 2-44]

36 協定届の記載例（月 45 時間超の時間外・休日労働が見込まれ、災害時の復旧・復興の対応が見込まれる場合）様式 9 号の 3 の 3(第 70 条関係)

2 枚目表面

様式第 9 号の 3 の 3（第 70 条関係）

時間外労働 休日労働 に関する協定届（特別条項）

臨時的に限度時間を超えて労働させることができる場合		業務の種類	労働者数（満 18 歳以上の者）	1日（任意） 延長することができる時間数 法定労働時間を超える時間数	1日 所定労働時間を超える時間数（任意）	1箇月（時間外労働及び休日労働を合算した時間数。①については 100 時間未満に限る。） 限度時間を超えて労働させることができる回数（6回以内に限る。）	1箇月 延長することができる時間数及び休日労働の時間数 法定労働時間を超える時間数と休日労働の時間数を合算した時間数	1箇月 所定労働時間を超える時間数と休日労働の時間数を合算した時間数（任意）	1箇月 限度時間を超えた労働に係る割増賃金率	1年（時間外労働のみの時間数。720 時間以内に限る。）起算日（年月日）○○○○年４月１日 延長することができる時間数 法定労働時間を超える時間数	1年 所定労働時間を超える時間数（任意）	1年 限度時間を超えた労働に係る割増賃金率
① 工作物の建設の事業に従事する場合	突発的な仕様変更への対応 納期のひっ迫への対応	現場作業	15 人	6 時間	6 時間	4 回	80 時間	80 時間	35%	550 時間	550 時間	35%
	大規模な施行トラブル対応	施工管理	10 人	6 時間	6 時間	3 回	60 時間	60 時間	35%	500 時間	500 時間	35%
② 工災害時における復旧及び復興の事業に従事する場合（併せて、①の事業にも従事する場合、①の事業に従事する時間も含めて記入すること）	維持管理契約に基づく災害復旧の対応	現場作業	8 人	7 時間	7 時間	4 回	120 時間	120 時間	35%	700 時間	700 時間	35%
	自治体からの要請に基づく復旧工事の対応	施工管理	5 人	7 時間	7 時間	3 回	110 時間	110 時間	35%	700 時間	700 時間	35%

限度時間を超えて労働させる場合における手続	労働者代表による事前申し入れ	
限度時間を超えて労働させる労働者に対する健康及び福祉を確保するための措置	（該当する番号）①、③、⑩	（具体的内容）対象労働者への医師による面接指導の実施、対象労働者に 11 時間の勤務間インターバルを設定、職場での時短対策会議の開催

上記で定める時間数にかかわらず、時間外労働及び休日労働を合算した時間数は、1箇月について 100 時間未満でなければならず、かつ２箇月から６箇月までを平均して 80 時間を超過しないこと（災害時における復旧及び復興の事業に従事する場合は除く。）。
☑（チェックボックスに要チェック）

…月日　○○○○　年　3 月　12 日

…である労働組合（事業場の労働者の過半数で組織する労働組合）の名称又は労働者の過半数を代表する者の　職名 経理担当事務員　氏名 山田花子

（労働者の過半数を代表する者の場合）の選出方法（　投票による選挙　）

…事者である労働組合が事業場の全ての労働者の過半数で組織する労働組合である又は上…働者の過半数を代表する者が事業場の全ての労働者の過半数を代表する者であること。
☑（チェックボックスに要チェック）

…過半数を代表する者が、労働基準法第 41 条第２号に規定する監督又は管理の地位にある者でなく、かつ、同法に規定する協定等をする者を選出することを明らかにして実施される投票、…による手続により選出された者であつて使用者の意向に基づき選出されたものでないこと。
☑（チェックボックスに要チェック）

○○○○　年　3 月　12 日

使用者　職名 代表取締役　氏名 田中太郎

○　○　労働基準監督署長殿

事由は一時的または突発的に時間外労働を行わせる必要のあるものに限り、できる限り具体的に定めなければなりません。「業務の都合上必要なとき」「業務上やむを得ないとき」など恒常的な長時間労働を招くおそれがあるものは認められません。

限度時間（月 45 時間または 42 時間）を超えて労働させる場合の、1 か月の時間外労働と休日労働の合計の時間数を定めてください。月 100 時間未満に限ります。

限度時間（年 360 時間または 320 時間）を超えて労働させる 1 年の時間外労働時間数を定めてください。災害時における復旧及び復興の事業に従事する場合であっても、年 720 時間以内に限ります。

限度時間（月 45 時間または 42 時間）を超えて労働させる回数を定めてください。災害時における復旧及び復興の事業に従事する場合であっても、年 6 回以内に限ります。

災害時における復旧及び復興の事業に従事する場合、100 時間以上の時間数を定めることも可能です。工作物の建設の事業と災害時における復旧及び復興の事業の両方に従事する場合には、工作物の建設の事業に従事する時間も含めた時間数を定めてください。

限度時間を超えた労働者に対し、以下のいずれかの健康福祉確保措置を講ずることを定めてください。該当する番号を記入し、右欄に具体的内容を記載してください。

①医師による面接指導 ②深夜業（22 時～5 時）の回数制限③終業から始業までの休息時間の確保（勤務間インターバル）④代償休日・特別な休暇の付与⑤健康診断⑥連続休暇の取得⑦心とからだの相談窓口の設置⑧配置転換⑨産業医等による助言・指導や保健指導⑩その他

協定書を兼ねる場合には、労働者代表の署名または記名・押印などが必要です。

管理監督者は労働者代表にはなれません。

協定書を兼ねる場合には、使用者の署名または記名・押印などが必要です。

労働者の過半数で組織する労働組合がない場合には、36 協定の締結をする者を選ぶことを明確にした上で、投票・挙手等の方法で労働者の過半数代表者を選出し、選出方法を記載してください。使用者による指名や、使用者の意向に基づく選出は認められません。チェックボックスにチェックがない場合には、有効な協定届とはなりません。

厚生労働省「36 協定届の記載例」より

■ 36協定の作成支援ツール

厚生労働省HPの入力フォームから必要項目を入力・印刷することで、労働基準監督署に届出が可能な書面を作成することができます。

HP ► https://www.startup-roudou.mhlw.go.jp/support.html

［図表2-45］

厚生労働省「事業者のための労務管理・安全衛生管理診断サイト」より

4 労働時間把握の実効性確保

平成31年より「客観的な方法による労働時間の把握」が義務化され、管理職を含めた労働時間の把握が会社の責務となりました。これは労働安全衛生法において、労働者の健康保持のために労働時間を把握することが目的となっていることによります。

一般的に月80時間が過労死ラインといわれ、長時間労働が身体に及ぼす影響は大きいとされています。そのため、時間外労働規制の適用除外とされている管理監督者についても適正把握の対象となっています。

具体的な把握の方法としては、厚生労働省より「労働時間の適正な把握のために使用者が講ずべき措置に関するガイドライン」が出されており、この中に基準が記載されています。

労働時間の適正な把握のために使用者が講ずべき措置に関するガイドライン（抜粋）

(1) 始業・終業時刻の確認および記録
使用者は、労働時間を適正に把握するため、労働者の労働日ごとの始業・終業時刻を確認し、これを記録すること。
(2) 始業・終業時刻の確認および記録の原則的な方法
ア 使用者が自ら現認することにより確認し、適正に記録すること。
イ タイムカード、IC カード、パソコンの使用記録等の客観的な記録を基礎として確認し、適正に記録すること。

労働時間の適正把握は、安全衛生の側面からはもちろんですが、時間外労働の上限規制や残業代の支払いにもつながるので、適切な時間管理をする必要があります。

■建設業における労働時間の管理

技能労働者は、日給月払い制のケースがあり、「出面表」というカレンダーのような表に、出勤した日は「○」をつけるといった管理が未だに続いています。このような日給制を想定した管理では、時間の感覚が希薄になってしまいます。そのため、労働時間管理といってもピンときていないのが実情です。日給者が多い技能労働者には、まずは始業および終業時刻をしっかりと記録をしてもらうところからスタートします。

最近では建設キャリアアップシステム（CCUS）により、現場での入退場管理ができています。しかし、労働時間が現場での作業時間だけとは限りません。事業所に戻っての作業等があれば、その時間も労働時間になるので、建設キャリアアップシステム（CCUS）の入退場管理が必ずしも労働時間とイコールにはならないことに注意が必要です。

5 年次有給休暇の年5日取得義務

平成31年4月から、年10日以上の年次有給休暇付与者に対し、年5日の年次有給休暇を取得させることが事業主の義務となりました。付与者には、管理監督者、有期雇用労働者、パートタイム労働者等の比例付与対象者も該当します。

本来、年次有給休暇は労働者が希望する時期に取得するものですが、年5日の休暇を取得できない場合には、会社が時季を指定してでも取得させなくてはなりません。現場においては、そもそも年次有給休暇が浸透していませんが、日給者であっても取得は必要です。「振替休日もきちんと取れていないのに、年次有給休暇まで辿りつかない」という相談もよく受けます。しかし、振替休日がたまる時点で法違反状態です。さらに今回の改正では、年次有給休暇を取得させなければ、会社に対して、労働者ごとに30万円以下の罰金が科せられます。

年次有給休暇の発生日は入社日をもとに決めます。労働者ごとに年次有給休暇を付与した日（基準日）から1年以内に5日を取得しているか確認し、必要があれば取得時季を指定して取得させなければならず、中途採用の多い中小企業では、労務管理の手間が増えています。

■年5日の時季指定義務　[図表2-46]

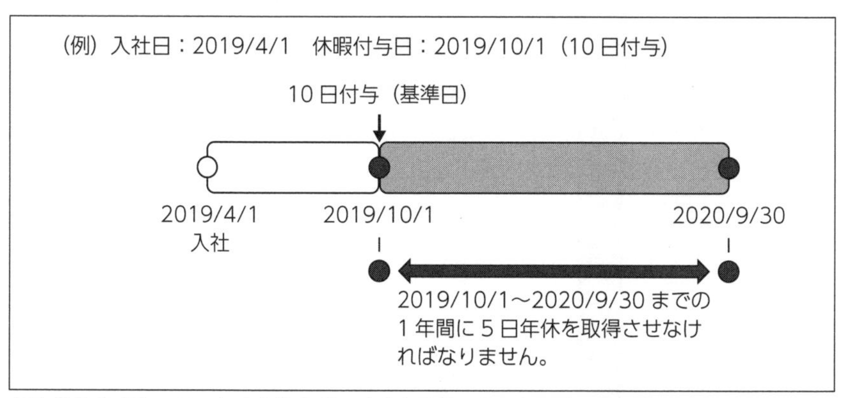

厚生労働省「年5日の年次有給休暇の確実な取得　わかりやすい解説」より

(1) 年次有給休暇の付与日数

■原則となる付与日数

使用者は、労働者が雇入れの日から６か月間勤務し、その６か月間の全労働日の８割以上を出勤した場合には、原則として10日の年次有給休暇を与えなければなりません。

［図表 2-47］

継続勤務年数	６か月	１年６か月	２年６か月	３年６か月	４年６か月	５年６か月	６年６か月以上
付与日数	10日	11日	12日	14日	16日	18日	20日

厚生労働省「年５日の年次有給休暇の確実な取得　わかりやすい解説」より

■所定労働日数が少ない労働者に対する付与日数

パートタイム労働者など、所定労働日数が少ない労働者については、年次有給休暇の日数は所定労働日数に応じて比例付与されます。比例付与の対象となるのは、所定労働時間が週30時間未満で、かつ、週所定労働日数が４日以下または年間の所定労働日数が216日以下の労働者です。

［図表 2-48］

週所定労働日数	１年間の所定労働日数		継続勤務年数						
			６か月	１年６か月	２年６か月	３年６か月	４年６か月	５年６か月	６年６か月以上
４日	169日～216日	付与日数	7日	8日	9日	10日	12日	13日	15日
３日	121日～168日	付与日数	5日	6日	6日	8日	9日	10日	11日
２日	73日～120日	付与日数	3日	4日	4日	5日	6日	6日	7日
１日	48日～72日	付与日数	1日	2日	2日	2日	3日	3日	3日

厚生労働省「年５日の年次有給休暇の確実な取得　わかりやすい解説」より

(2)　年次有給休暇の基本ルール

■時季指定権

労働者が請求する時季に年次有給休暇を取得できる権利のことをいいます。

■時季変更権

労働者から年次有給休暇を請求された時季に、その休暇を与えることが事業の正常な運営を妨げる場合には、他の時季に変更を依頼することができる権利です。ただし、一般的に忙しいという理由ではなく、同一期間に複数の労働者が休暇を希望していて、事業の運営が困難になる等の理由が必要です。

■年次有給休暇の賃金

年次有給休暇の賃金は①～③のいずれかで支払います。

①　所定労働時間労働した場合に支払われる通常の賃金
②　平均賃金
③　健康保険法による標準報酬日額に相当する金額

通常、月給者であれば給与を控除しないことになっているので、①になります。しかし、労働日によって労働時間が違うパートタイム労働者や日給者の作業員は、月によって金額が変動するため②を使うことも考えられます。3つの計算方法のいずれを選択するかは、就業規則等で明確に規定することとなっています。

■年次有給休暇の時効は2年

年次有給休暇の時効は2年であり、前年度に取得できなかった年次有給休暇は翌年度に繰り越すことができます。

■不利益な取扱いの禁止

使用者は、年次有給休暇を取得した労働者に対して、不利益な取扱いをしてはいけません。例えば、賞与額の算定の際に、年次有給休暇を取得した日を欠勤または欠勤に準じて取り扱うことや、精勤手当を支給しないといったことはできません。

■半日休暇

年次有給休暇は１日単位で取得することが原則ですが、労働者が希望をし、会社が合意した場合であれば、半日単位の取得も可能です。

■年次有給休暇の買取り

年次有給休暇の本来の目的は、労働者にリフレッシュしてもらい、よりよい仕事をしてもらうためです。そのため買取りは禁止されています。ただし、決して推奨されているわけではありませんが、時効で消えてしまった年次有給休暇であれば買い取っても構いません。

■時間単位の年次有給休暇

労使協定を締結することで時間単位の年次有給休暇を導入することができます。労使協定は労使の一方でも拒否すれば締結されないので、時間単位の年次有給休暇制度を導入する場合は、労使協定で内容を決める必要があります。

ポイント

時間単位の年次有給休暇導入のルール

・時間単位で取得できるのは最大５日まで

例）１日の所定労働時間が８時間の会社の場合

８時間×５日＝40時間　40時間まで取得可能

・時間単位の最小は１時間単位

例）最小が１時間単位のため、労使協定で２時間や３時間と決めることも可能

(3) 計画的付与制度

年5日の取得を達成する方法の1つとして、年次有給休暇の計画的付与制度があります。これは、会社と労働者とで協定を結び、あらかじめ年次有給休暇の日付を設定できるという制度です。付与日数から5日を除いた残りの日数を計画的付与の対象にできます。この計画的付与制度を導入し、最初に年5日を決定しておけば、個別の取得状況を確認しなくても済むため、年次有給休暇の取得率の低い会社にはおすすめです。ただし、計画的付与の導入にあたっては、就業規則への明記と労使協定が必要になります。従業員10人以下の会社では、就業規則の作成や労働基準監督署への届出は義務ではありませんが、計画的付与をするには就業規則への記載が必要になります。

■計画的付与の労使協定　例

年次有給休暇の計画的付与に関する労使協定

株式会社○○と従業員代表○○とは、標記に関して次のとおり協定する。

1　当社に勤務する社員が有する令和○○年度の年次有給休暇のうち6日分については、次の日に与えるものとする。

5月2日、6日、9月20日、21日、22日、12月26日

2　従業員のうち、その有する年次有給休暇の日数から5日を差し引いた残日数が「6日」に満たない者については、その不足する日数の限度で、第1項に掲げる日に特別有給休暇を与える。

3　この協定の定めにかかわらず、業務遂行上やむを得ない事由のため指定日に出勤を必要とするときは、会社は組合と協議の上、第1項に定める指定日を変更するものとする。

令和○○年○月○日

株式会社○○　○○部長　○○○○

従業員代表　○○○○

① 導入のメリット

・使用者……労務管理がしやすく、計画的な業務運営ができます
・労働者……ためらいを感じずに、年次有給休暇を取得できます

② 日数

付与日数から5日を除いた残りの日数を計画的付与の対象にできます。

例）年次有給休暇の付与日数が11日の労働者　［図表2-49］

6日	5日
労使協定で計画的に付与できる	労働者が自由に取得できる

③ 方式

企業や事業場の実態に応じた方法で活用しましょう。

(a) 企業や事業場全体の休業による一斉付与方式

全労働者に対して同一の日に年次有給休暇を付与する方式です。製造業など、操業をストップさせて全労働者を休ませることができる事業場などで活用されています。

(b) 班・グループ別の交替制付与方式

班・グループ別に交替で年次有給休暇を付与する方式です。流通・サービス業など、定休日を増やすことが難しい企業・事業場などで活用されています。

(c) 年次有給休暇付与計画表による個人別付与方式

年次有給休暇の計画的付与制度は、個人別にも導入することができます。夏季、年末年始、ゴールデンウィークのほか、誕生日や結婚記念日など労働者の個人的な記念日を優先的に充てるケースがあります。

6 賃金請求権の消滅時効の延長

令和２年４月１日から賃金請求権の消滅時効期間が２年から５年（当面の間は３年）に変更されました。

［図表 2-50］

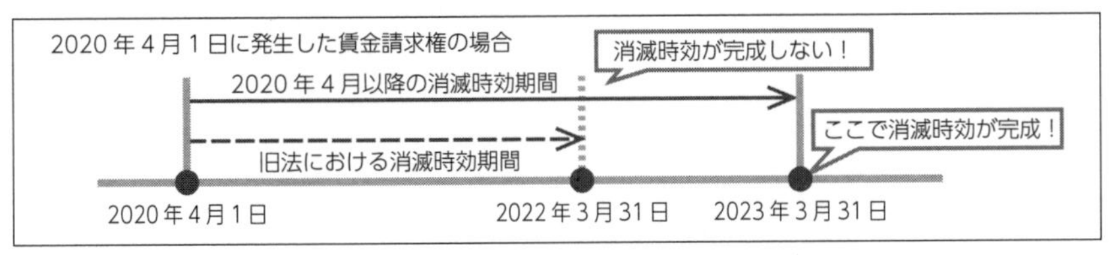

厚生労働省「未払賃金が請求できる期間などが延長されています」より

最近では、日給者からの法定労働時間（1 日 8 時間、1 週 40 時間）を超えた割増賃金の請求案件が増えています。建設業の現場作業員は日給者が多く、日給がゆえに時間管理をしていません。その結果、1 日 8 時間を超えた部分や、週 6 日勤務であれば週の法定労働時間 40 時間を超えた部分の割増賃金を請求され、払わざるを得ない状況になっています。

今回の改正は、令和２年４月１日以降に支払われた賃金が対象となります。令和５年４月からは、今まで２年しか遡れなかった残業代請求が３年遡れることになるため、労使トラブルも増えることが懸念されます。

7 同一労働同一賃金

同一労働同一賃金の企業内における取組みとしては、いわゆる正規雇用労働者（無期雇用フルタイム労働者）と非正規雇用労働者（有期雇用労働者、パートタイム労働者等）との間の不合理な待遇差の解消を指します。本義としては、単に「正社員」「パート」といった雇用形態の違いで待遇差をつけるのではなく、仕事の内容や配置転換の範囲等を根拠として、労働者を適正に処遇していこうというものです。建設業においては、現場、設計、監督、内勤等職種ごとに賃金が違うケースが多いので、比較的対応がされているケースが多いように見受けられます。

■同一労働同一賃金

[図表 2-51]

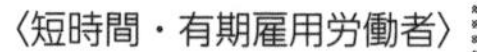

〈正社員〉　〈短時間・有期雇用労働者〉

均衡待遇
〈パートタイム・有期雇用労働法第８条〉

短時間・有期雇用労働者と正社員との間で、①職務の内容、②職務の内容・配置の変更の範囲（人事異動や転勤の有無、範囲)、③その他の事情を考慮して不合理な待遇差は禁止しなければならない。

〈正社員〉　〈短時間・有期雇用労働者〉

均等待遇
〈パートタイム・有期雇用労働法第９条〉

短時間・有期雇用労働者と正社員との間で、①職務の内容、②職務の内容・配置の変更の範囲（人事異動や転勤の有無、範囲）が同じ場合は、短時間・有期雇用労働者であることを理由とした差別的扱いは禁止しなければならない。

日本商工会議所「早わかり！　同一労働同一賃金　まるわかり BOOK」より

8 月 60 時間超の時間外労働の割増率引上げ

法定労働時間を超えて働くには、36 協定の締結・届出と、残業代の支払いが必要になります。残業代は法律で割増率が定められていますが、令和 5 年 4 月 1 日以降は、1 か月に 60 時間を超える時間外労働について通常の 25％以上ではなく、50％以上の率で計算しなくてはならないことになりました。大企業においては平成 22 年 4 月 1 日より施行されており、中小企業は当面の間猶予期間とされていましたが、この猶予措置が撤廃されたことになります。

具体的にカレンダーで見てみましょう（►図表 2-52)。この例では、23 日で 1 か月の残業時間が 60 時間となります。この場合、24 日に残業すると、50％以上の割増率で支払わなくてはなりません。仮に、この日に深夜労働（22 時～5 時）をすれば、さらに深夜の 25％以上の割増が加算されるため、75％以上の割増率での支払いになります。そのため、令和 5 年 4 月 1 日以降、60 時間超の割増率が上がることは、会社にとっては大きな負担となってきます。

■月60時間超の割増率の考え方 [図表2-52]

日	月	火	水	木	金	土
	1 **5時間**	2 **5時間**	3	4 **5時間**	5 **5時間**	6
7 5時間	8 **5時間**	9	10 **5時間**	11	12 **5時間**	13 **5時間**
14	15	16 **5時間**	17	18 **5時間**	19	20
21	22 **5時間**	23 **5時間**	24 **5時間**	25	26	27
28 5時間	29	30 **5時間**	31			

※1か月の起算日は毎月1日です。
※休日は土曜日および日曜日、法定休日は日曜日とします。
※カレンダー中の太字は時間外労働時間数を指します。

〈時間外労働（60時間以下）〉
1・2・4・5・8・10・12・13・16・18・22・23日→割増率25％

〈時間外労働（60時間超）〉
24・30日→割増率50％

〈法定休日労働〉
7・28日→割増率35％

令和6年の上限規制にばかり目が向けられていますが、本来であれば令和5年までに時間外労働を60時間以内に抑えることが目標だったはずです。また、建設作業員には日給者が多くいます。日給者であっても1日8時間、1週40時間を超えれば時間外労働の割増率での支払いが求められ、60時間超の割増率についても同様に適用されます。

今まで、日給制ということで割増賃金を支払っていないケースが多くみられてきましたが、日給制についても適正な運用が必要です。日給とは何時間の労働に対しての賃金なのかを明確にし、労働契約書等で整備することをおすすめします。

第３章

建設業法からみる建設業

I　建設業

1 許可が必要な29業種

建設工事を請け負うためには、原則として建設業許可を取得する必要があります。許可が必要な業種は29種類あり、「一式工事：2種類」＋「専門工事：27種類」に分類されます。

ただし、「軽微な工事」のみを請け負う場合には、建設業許可を取得せずとも営業できます。軽微な工事とは、工事1件の請負金額が500万円未満（建築一式工事では1,500万円未満）の工事のことをいいます。

■一式工事と専門工事の違い

一式工事とは「総合的な企画や指導などのもと、土木工作物や建築物を建設する工事」のことを指します。基本的に元請業者が行う工事で、すべてを自社で行うか、一部を下請に任せます。

専門工事は、一式工事2業種を除いた27業種のことを指します。それぞれ別の許可業種のため、一式工事の許可を受けたとしても専門工事の施工はできません。業種ごとに許可が必要になります。

■建設業許可が必要な29業種

[図表3-1]

土木一式工事	鋼構造物工事	熱絶縁工事
建築一式工事	鉄筋工事	電気通信工事
大工工事	舗装工事	造園工事
左官工事	しゅんせつ工事	さく井工事
とび・土工・コンクリート工事	板金工事	建具工事
石工事	ガラス工事	水道施設工事
屋根工事	塗装工事	消防施設工事
電気工事	防水工事	清掃施設工事
管工事	内装仕上工事	解体工事
タイル・れんが・ブロック工事	機械器具設置工事	

2 一般建設業許可と特定建設業許可の違い

■一般建設業許可が必要な場合

・下請として建設工事を行う場合

・元請として建設工事を行うが、下請に出さずすべて自社で建設工事を行う場合

・元請として建設工事を行い、下請に出す工事の金額が4,500万円未満の場合（建築一式工事の場合は7,000万円未満）

■特定建設業許可が必要な場合

・元請として建設工事を行い、下請に出す工事の金額が4,500万円以上の場合（建築一式工事の場合は7,000万円以上）

[図表3-2]

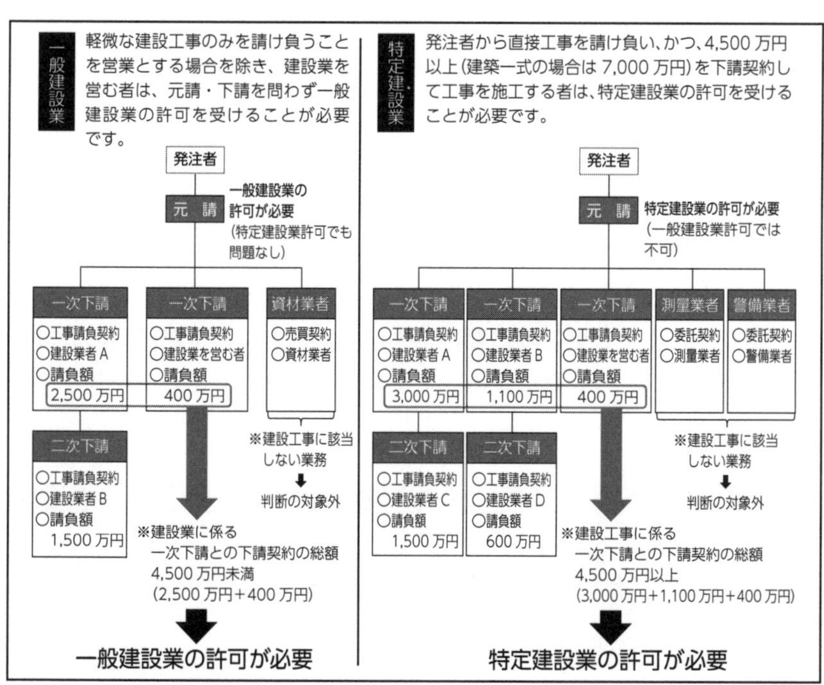

国土交通省関東地方整備局より

3 建設業許可の要件

建設業許可には、以下の①～⑤の要件を満たす必要があります。

① 経営業務管理責任者（通称：経管）がいること

適切に経営するために、建設業の経営業務について一定期間の経験を有した人が必要です。ポイントは「一定以上の経験年数＋常勤性」です。

② 専任技術者がいること

経験要件もしくは資格要件のいずれかを満たす人が必要です。

[図表 3-3]

	一般建設業の場合	特定建設業の場合
経験要件	・10年以上の実務経験 ・高校の指定学科卒業後、5年以上の実務経験 ・大学（高等専門学校を含む）の指定学科卒業後、3年以上の実務経験	一般建設業の経験要件 ＋ 4,500万円以上の元請工事に関し、2年以上の指導監督的な実務経験
資格要件	指定された国家資格 （実務経験不要）	指定された国家資格 1級国家資格または、国土交通大臣の認定（実務経験不要）

③ 財産的基礎要件を満たしていること

特定建設業許可の財産的基礎の要件は、5年に一度の更新審査で審査されます。更新時に要件が欠けていると、特定建設業の許可更新ができず、一般建設業の許可を新規で取り直すことになります。

[図表 3-4]

	一般建設業の場合	特定建設業の場合
財産的基礎の確保	・直前の決算において「自己資本」の額が、500万円以上あること ・金融機関の預金残高証明書（残高日が申請日前4週間以内のもの）で、「500万円以上の資金を調達する能力」があること ・過去5年間許可を継続して営業した実績があること	・「欠損の額」が資本金の額の20%を超えていないこと ・「流動比率」が75%以上であること ・「資本金」の額が2,000万円以上であること ・「自己資本」の額が4,000万円以上であること

④　欠格要件等に該当しないこと

欠格要件は、(a)書類に関するものと(b)人に関するものがあります。

(a)　書類の欠格事由

許可申請にあたり提出書類や添付書類に「虚偽の記載」や「記載漏れ」があれば欠格事由になります。

(b)　人の欠格事由

法人では会社の役員等が、個人では事業主が、下記の事由に当てはまると欠格事由になります。

- 成年被後見人、被保佐人または破産者で復権を得ない人
- 不正の手段で許可を受けたことにより、許可を取り消されて5年を経過しない人
- 許可の取り消しを免れるために、取消前に廃業の届出を出して5年を経過しない人
- 建設工事を適切に施工しなかったために、公衆に危害を及ぼした人
- 禁錮以上の刑に処せられ、その刑の執行を終わり、またはその刑の執行を受けることがなくなった日から5年を経過しない人
- 暴力団員による不当な行為の防止等に関する法律2条6号に規定する暴力団員または同号に規定する暴力団員でなくなった日から5年を経過しない人
- 精神の機能の障害により建設業を適正に営むに当たって必要な認知、判断および意思疎通を適切に行うことができない人　等

⑤　営業所の要件を満たしていること

- 外部から来客を迎え入れ、請負契約の見積り、入札、契約締結等の実体的な業務を行っていること。
- 電話（※）・机・各種事務台帳等を備え、契約の締結等ができるスペースを有し、他法人または他の個人事業主の事務室等とは間仕切り等で明確に区分されていること、同一法人で本社と営業所が同一フロアである場合は、仕切り等は必要ないが、明らかに他の営業所とわかるよう看板等を掲示し、営業形態も別

とすること。個人の住宅にある場合には居住部分と適切に区別されているなど独立性が保たれていること。

※電話は、名刺や封筒等で確認できる業務用の携帯電話も可とします。「建設業者・宅建業者等企業情報検索システム」で公開されることになります。

・常勤役員等（経営業務の管理責任者）（以下、「常勤役員等（経管）」という。）または建設業法施行令3条の使用人が常勤していること。
・営業用事務所としての使用権原を有していること（自己所有の建物か、賃貸借契約等を結んでいること）。住居専用契約は、原則として認められません。
・看板、標識等で、外部から建設業の営業所であることがわかる表示があること。

4 建設業許可の更新

建設業許可の有効期間は、許可が下りた日から5年間で、5年に一度更新の申請が必要です。

■建設業許可の更新タイミング　[図表3-5]

都道府県知事許可	国土交通大臣許可
有効期間満了日の2か月前〜30日前	有効期間満了日の3か月前〜30日前

Ⅱ　経営事項審査（経審）

1　経営事項審査（経審）とは

経営事項審査（以下、「経審」といいます）とは、建設業の「通信簿」のようなものです。公共工事を受注したい建設業者は経審を受け、現在の自社の経理状態や経営規模について「総合評定値通知書」を取得する必要があります。公共工事の発注者は、この総合評定値通知書に記載された評価点を基準として建設業者をランク付けし、このランクに応じて、入札に参加できる公共工事の発注予定価格の範囲が決まります。

経営事項では、以下の4項目を基に総合評定値（P）が算定されます。

・経営規模（X）
・経営状況（Y）
・技術力（Z）
・その他の審査項目（社会性等）（W）

■総合評定値通知書取得の手順

STEP 1　経営状況分析結果通知書の取得申請

提出した建設業者の決算書（財務諸表）から一定の経営指標の数値を算出し、その数値に一定の算式を当てはめて評点が出されます。

↓

STEP 2　経営規模等評価結果通知書の取得申請

建設業者の経営規模、技術力、社会性などが評価されます。

↓

STEP 3　総合評定値通知書の取得

2通の結果通知書、その他の添付書類、確認資料を提出して、経営状況と経営規模等の評点から算出された「総合評定値通知書」を取得します。

2 令和5年経営事項審査の主な改正点

令和5年1月、経審の加点項目が改正されました。建設業における担い手の育成・確保、災害対応力の強化、環境への配慮を推進するため、こうした取組みに対して努力をしている建設業者を適正に評価、後押しするための改正となっています。

■改正1　ワーク・ライフ・バランスに関する取組の状況について新たに評価（W1-9）

働き方改革の推進に欠かせない、労働環境の整備やワーク・ライフ・バランスの取組みを評価をすることになりました。具体的には、①女性活躍推進法に基づく認定「えるぼし」、②次世代法に基づく認定「くるみん」、③若者雇用促進法に基づく認定「ユースエール」に加点がされます。

■ワーク・ライフ・バランスに関する取組の状況（新設）　［図表3-6］

令和5年1月1日以降の申請で適用

○内閣府による「女性の活躍推進に向けた公共調達及び補助金の活用に関する実施要領」（平成28年3月22日内閣府特命担当大臣（男女共同参画）決定）に基づき、「女性活躍推進法に基づく認定」、「次世代法に基づく認定」及び「若者雇用促進法に基づく認定」について、審査基準日における各認定の取得をもって、以下の評点で評価することとする。

認定の区分		配点
女性活躍推進法に基づく認定	プラチナえるぼし	5
	えるぼし（第3段階）	4
	えるぼし（第2段階）	3
	えるぼし（第1段階）	2
次世代法に基づく認定	プラチナくるみん	5
	くるみん	3
	トライくるみん	3
若者雇用促進法に基づく認定	ユースエール	4

取得している認定のうち最も配点の高いものを評価（最大5点）

（例）「プラチナえるぼし認定」「トライくるみん認定」「ユースエール認定」を取得している場合
⇒配点の高い「プラチナえるぼし」を評価し5点

※「基準適合事業主認定通知書」「基準適合一般事業主認定通知書」等により認定の取得状況を確認する
※審査基準日において、認定取消又は辞退が行われている場合は、加点対象としない

国土交通省「経営事項審査の主な改正事項（令和5年1月1日・一部令和4年8月15日改正）」より

○現行の「労働福祉の状況（W1）」、「若年の技術者及び技能者の育成及び確保の状況（W9）」及び「知識及び技術又は技能の向上に関する取組の状況（W10）」に新設した「ワーク・ライフバランスに関する取組の状況」「建設工事に従事する者の就業履歴を蓄積するために必要な措置の実施状況」をあわせ、新たに「建設工事の担い手の育成及び確保に関する取組の状況」として評価することとした。
○また、「建設機械の保有状況（W7）」及び「国又は国際標準化機構が定めた規格による認証又は登録の状況（W8）」の加点対象を拡大・追加することとした。

【改正前】

項目	評点(最大)
W1　労働福祉の状況	(45)
①雇用保険の加入状況	−40
②健康保険の加入状況	−40
③厚生年金保険の加入状況	−40
④建退共の加入状況	15
⑤退職一時金もしくは企業年金制度の導入	15
⑥法定外労災制度の加入状況	15
W2　建設業の営業年数	60
W3　防災活動への貢献の状況	20
W4　法令順守の状況	−30
W5　建設業の経理の状況	30
W6　研究開発の状況	25
W7　建設機械の保有状況（災害復旧工事で活用される代表的な6機種について加点）	15
W8　国際標準化機構が定めた規格による登録状況	(10)
① ISO9001	5
② ISO14001	5
W9　若齢技術者及び技能者の育成及び確保の状況	2
W10　知識及び技術又は技能の向上に関する取組の状況	10
合計（最高点）	217

W1に再編

【改正後】

項目	評点(最大)
W1　建設工事の担い手の育成及び確保に関する取組の状況	(77)
①雇用保険の加入状況	−40
②健康保険の加入状況	−40
③厚生年金保険の加入状況	−40
④建退共の加入状況	15
⑤退職一時金もしくは企業年金制度の導入	15
⑥法定外労災制度の加入状況	15
⑦若齢技術者及び技能者の育成及び確保の状況	2
⑧知識及び技術又は技能の向上に関する取組の状況	10
⑨ワーク・ライフ・バランスに関する取組の状況	5 新設
⑩建設工事に従事する者の就業履歴を蓄積するために必要な措置の実施状況	15 新設
W2　建設業の営業年数	60
W3　防災活動への貢献の状況	20
W4　法令順守の状況	−30
W5　建設業の経理の状況	30
W6　研究開発の状況	25
W7　建設機械の保有状況（既存の6機種の他に加点対象を拡大）➡ 拡大	15
W8　国又は国際標準化機構が定めた規格による登録状況	(10)
①品質管理に関する取組（ISO9001）	5
②環境配慮に関する取組（ISO14001、エコアクション21）➡ 追加	5 (EA21は3点)
合計（最高点）	237

Wの素点が大きく増加することから、総合評定値P点への換算式を変更。（詳細は(1)-3参照）

国土交通省「経営事項審査の主な改正事項（令和5年1月1日・一部令和4年8月15日改正）」より

コラム

入札参加資格審査における各県独自の成績評価

県が発注する建設工事の入札参加資格審査には、えるぼしやくるみん（► P.230）以外でも、各県独自の成績評価を受けることができます

■（兵庫）ひょうご・こうべ女性活躍推進企業（ミモザ企業）認定制度

〈対象〉次のいずれにも該当すること

1. 兵庫県内に本社または主たる事務所がある、または、人事労務の権限があるなど支社単位で取組を行うことができる場合は、代表支社（原則として県内で1件）・県内支社グループでの申請が可能とする。
2. 兵庫県条例第35号暴力団排除条例第2条（1）～（6）のいずれにも該当しないこと。
3. 過去5年間において、労働関係法令に著しく違反する事実がないこと。

〈認定基準〉

4つの柱・20項目で構成されており、その項目の達成数により認定が決まります。14項目以上達成でミモザ企業として認定され、全項目達成に加えて先導的な取組みを実施したと認定された場合は、プラチナミモザ企業として認定されます。

1. 企業の取組姿勢（3項目）
2. キャリア形成支援（3項目）
3. 女性の登用促進（4項目）
4. 女性の定着促進（10項目）

[図表3-8]

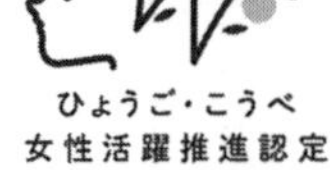

■（厚生労働省）ファミリー・フレンドリー企業

「ファミリー・フレンドリー企業」とは、労働者の仕事と家庭の両立に十分配慮し、多様でかつ柔軟な働き方の選択を可能とすることを経営の基本にしている企業です。具体的な例は以下の通りです。

・育児・介護休業制度が育児・介護休業法を上回る水準のものであり、

かつ、労働者の利用も多いこと。
・仕事と家庭のバランスに配慮した柔軟な働き方ができる制度（育児・介護のための短時間勤務制度等）を持っており、労働者の利用も多いこと。
・仕事と家庭の両立を可能にするその他の制度（事業所内託児施設等）を設けており、労働者の利用も多いこと。
・仕事と家庭との両立がしやすい企業文化を持っていること。
例）育児・介護休業制度等の利用がしやすい雰囲気であること
特に、男性労働者も利用しやすい雰囲気であること
両立について、経営トップ、管理職の理解があること　等

■（岩手）いわて子育てにやさしい企業等認定

〈対象〉

県内に本社または主たる事務所があり、常時雇用する労働者の数が100人以下の中小企業等

〈認定基準〉

1. 次世代法に基づく「一般事業主行動計画」を策定し岩手労働局に届け出ていること。
2. 子育て支援を推進する取組みを行っていること。
3. 育児・介護休業法に沿った育児休業制度および2で盛り込んだ項目を、就業規則または労働協約に規定していること。
4. 「応援宣言」または「企業内子育て支援推進員」を配置していること。

その他、入札参加資格の成績評価については、都道府県ごとの特色があるので、チェックをしていくことをおすすめします。

最近ではワーク・ライフ・バランスに主眼を置いたものが多く、女性の活躍推進、子育ては1つのポイントになってきています。入札の加点も重要ですが、それ以上に従業員の働きやすい環境づくりのためにも取り組んでいくことが望ましいといえます。

■改正2　建設工事に従事する者の就業履歴を蓄積するために必要な措置の実施状況を新たに評価（W1-10）

建設キャリアアップシステム（CCUS）の定着のためには、元請事業者が建設キャリアアップシステム（CCUS）の事業者登録を行い、建設現場ごとに現場登録を実施し、必要な環境を整備することが必要です。そのため、元請業者が講じるカードリーダーの設置等、就業履歴蓄積のための措置を評価することになりました。経審における加点では、すべての元請工事において、当該工事に従事する者が就業履歴を構築するために必要なカードリーダーの設置等の措置を講じていることが要件になります。

■改正3　建設機械の保有状況について、加点対象建設機械が拡大（W7）

現在、防災の観点から災害時の復旧対応に使用され、定期検査により保有・稼働確認ができる代表的な建設機械の保有状況が加点評価されています。今回の改正から、実際の災害対応において活躍しているものの、経審上は対象とされていなかった建設機械も加点対象になります。

■改正4　エコアクション21の認証を受けている場合、加点対象に（W8）

現行では、環境マネジメントシステムISO14001の取得状況を加点対象にしていますが、中小規模の建設業者はISO14001を取得している割合が少ないのが現状です。脱炭素に向けた動きが加速するなか、中小の建設業者においても脱炭素を含めた環境問題への取組みが改めて求められています。

そのため、各都道府県の入札参加資格審査では、エコアクション21を加点対象に加える動きが広まっており、今回の改正でエコアクション21も経審における加点対象とすることになりました。

3 建設業退職金共済制度（建退共）加入による加点

建設業退職金共済制度（通称：建退共）とは、建設現場で働く人のために中小企業退職金共済法という法律に基づき創設された退職金制度です。これは建設業で働く人たちの福祉の増進と雇用の安定を図り、ひいては、建設業の振興と発展に役立てることを狙いとするものです。退職金は、国で定められた基準により計算されて確実に支払われることになっており、民間の退職金共済制度より安全かつ確実な制度です。そのため建設業退職金共済制度への加入でも加点となります。

制度に関する各種手続きは、各都道府県の建設業協会にある支部で簡単にできます。会社は中小企業退職金共済制度と建設業退職金共済制度の両方を導入できますが、個人が加入できるのはどちらか一方になります。また建設業退職金共済制度と中小企業退職金共済制度は別々の制度なので、両方に加入している会社は2つの加点を取ることになります。

コラム

建設業退職金共済制度（建退共）

建設業退職金共済制度（通称：建退共）とは、事業主が建設現場で働く労働者の働いた日数に応じて掛金を納付し、その労働者が建設業界をやめたときに退職金が支払われるという業界退職金制度です。

[図表 3-9]

初回交付の共済手帳（掛金助成）

■対象となる労働者

建設業の現場で働く労働者であれば、国籍や大工・左官・とび・土工等の職種を問わず、また、月給制・日給制あるいは、工長・班長などの役付であるかどうかにも関係なく、すべて被共済者となります。ただし、役員報酬を受けている人は加入できません。また、いわゆる一人親方でも、任意組合をつくれば被共済者になることができます。

■建退共一人親方組合

建設業退職金共済制度は建設労働者のための退職金制度であるため、事業主である一人親方は本来加入できません。しかし、現場によっては一人親方も技能労働者として労働者の立場になります。そのため、労災保険の特別加入と同様、一人親方の任意組合に所属することで、建設業退職金共済制度に加入できるようになります。

■掛金の納付方法

この制度における掛金の納付は、事業主が共済証紙を購入し共済手帳に貼付します。この制度は、公共・民間を問わず、現場で働く人を雇ったときは、すべて適用となるため、公共工事を受注したときだけでなく、民間工事のときも共済証紙・退職金ポイントを必要に応じて随時購入してください。なお、掛金は、全額事業主が負担するものであり、給与からの天引き等一部でも労働者に負担させることはできません。

Ⅲ　施工体制台帳

1 施工体制台帳とは

工事着工前に作成する安全書類の1つに「施工体制台帳」があります。施工体制台帳は、元請が工事に関わるすべての会社の施行体制を確実に把握し、工事を進めていくために作成されます。一般的に施工体制台帳といえば、「台帳」「体系図」の2つを指し、「台帳」には特定の工事に関わる元請会社からすべての下請会社までの情報が、「体系図」にはそれぞれの関係がまとめられています。元請会社が作成することとなっており、一定金額以上を下請に出す場合、建設業法で作成の義務が定められています。民間工事では下請契約の請負代金の総額が4,000万円以上（建築一式工事の場合は6,000万円以上）の工事、公共工事では入契法の規定により、下請契約金額に関係なくすべての工事において作成義務があります。

■施工体制台帳記載の下請負人の範囲　[図表3-10]

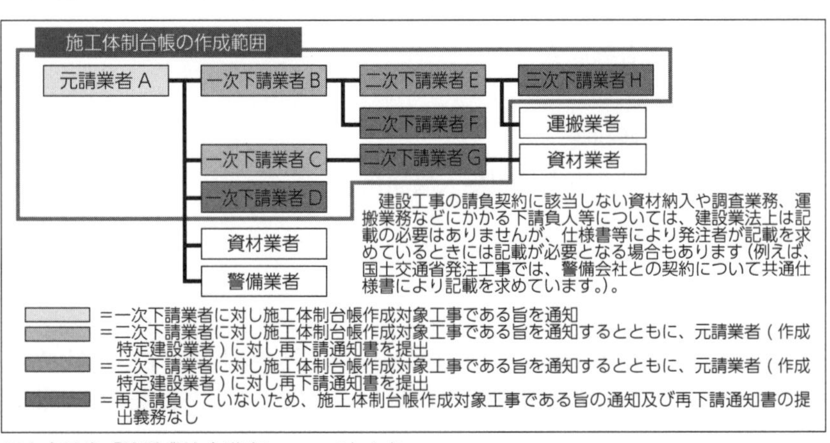

国土交通省「建設業法令遵守について」より

2 労務安全書類（グリーンファイル）とは

「労務安全書類（グリーンファイル）」は、安全書類や安全衛生書類ともいわれる「建設現場の安全を守るために必要な書類」の総称のことで、着工前に作成をします。法律的に統一された様式ではなく、全国建設業協会が出している全建統一様式が基本的な書式スタイルですが、ゼネコンごとに様式が異なるものもあります。

〈労務安全書類関係〉

・工事安全衛生計画書
・新規入場時等教育実施報告書
・安全ミーティング報告書
・持込機械等（移動式クレーン / 車両系建設機械など）使用届
・持込機械等（電気工具 / 電気溶接機等）使用届
・工事・通勤用車両届
・有機溶剤・特定化学物質等持込使用届
・火気使用願

〈施工台帳関係〉

・施工体制台帳作成通知書
・施工体制台帳
・下請負業者編成表
・施工体系図
・再下請負通知書
・外国人建設就労者等現場入場届出書
・作業員名簿

〈再下請負通知書〉

再下請負通知書とは、下請人がさらにその工事を再下請した場合、元請である特定建設業者に対して提出しなければならない書類です。

■施工体制台帳作成のフロー図　[図表 3-11]

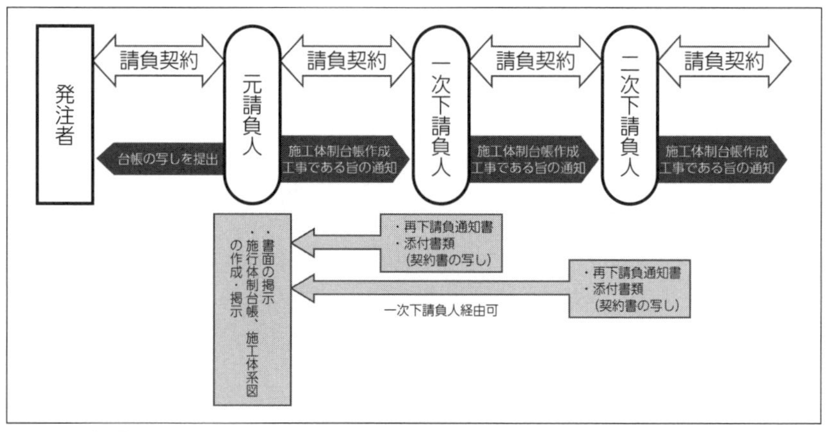

国土交通省「建設業法に基づく適正な施工の確保に向けて」より一部変更

コラム

労務安全書類（グリーンファイル）の効率化

施工体制台帳に関わる書類は数も多く、書類作成には時間がかかります。インターネット上で労務安全書類を作成、提出、確認ができるシステムを利用することで、元請会社、協力会社ともに業務の効率化を図ることができます。代表的なものに、グリーンサイト、ビルディといったものがあります。

ただ、システムは１社だけではないため、元請会社がどのシステムを利用しているかによって、協力会社も基本的には同じシステムを利用することになります。

第４章

建設業の課題

I　重層下請構造

1 重層下請構造の問題点

建設業において、工事内容の高度化等に対応するには専門化、分業化が必要となるため、ある程度の重層下請構造になることはやむを得ないといえます。しかし重層化が進めば、施工管理や安全管理が十分に行われない可能性が出てきます。また、下位へいくほど受け取る利益が減り、下請会社は社会保険料等の負担ができなくなります。雇用から請負への外部化や社会保険の加入逃れ、働き方改革による労働法の規制逃れのための一人親方化といった、作業員に対してのしわ寄せが増えてしまうでしょう。

重層化への対策として、従業員の社員化が挙げられますが、雇用するためには、安定的な工事数、安定した価格が必要です。加えて資格や能力のある従業員の処遇改善のために、建設キャリアアップシステム（CCUS）の活用による、能力の見える化と能力にあった処遇（賃金の支払い）が必要です。

加えて建設業法では、丸投げが禁止されています。要は、施工をしない会社を工事に関わらせないということです。国としては、一括下請負の禁止について指導を徹底する必要から、判断基準を明確にし、基準を満たさない会社に対しては、罰則の強化、経審などで減点をする等の対策を立てていくことが求められます。また、施工体制台帳の見える化によって重層構造をシンプルにすることも方法の１つです。下位の階層の増加・複雑化は、安全性や利益の面でも問題視されています。

■重層下請構造の問題点

［図表 4-1］

○建設業においては、工事全体の総合的な管理監督機能を担う元請のもと、中間的な施工管理や労務の提供その他の直接施工機能を担う１次下請、２次下請、さらにそれ以下の次数の下請企業から形成される重層下請構造が存在
○重層下請構造は、個々の企業において、工事内容の高度化等による専門化・分業化、必要な機器や工法の多様化への対応等のため、ある程度は必然的・合理的な側面がある一方、施工管理や品質面など、様々な影響や弊害が指摘

重層下請構造に関して考えられる主な問題

下請の重層化が施工管理や品質面に及ぼす影響

○重層化により施工体制が複雑化することに伴い、施工管理や安全管理面での影響が生じるおそれ
⇒重層化するほど工事の質や安全性が低下するおそれ
・施工に関する役割や責任の所在が不明確になりやすい
・現場の施工に対して元請や上位下請による管理が行き届きにくい
・現場の円滑な連絡調整や情報共有に支障が生じやすい
・下位下請から元請等に対して施工に関する意見や提案が届きにくい

施工管理を行わない下請企業の介在

○工場製品や資材等の販売を行う代理店や、主に労務調達を仲介する企業等、取引契約上の介在のみで必要な施工管理を行わない企業が存在
⇒不要な重層化を生じ、施工に関する役割の不明確化等の問題を増大

下請の対価の減少や労務費へのしわ寄せ

○下請として中間段階に介在する企業数が増える結果、中間段階でこれらの企業に利益として受け取られる対価が増加
⇒下位下請の施工の対価の減少や、労務費へのしわ寄せのおそれ
○下位下請の設計変更や追加工事に関する契約上の処理が不明瞭になるおそれ

下位の下請段階にみられる労務提供を行う下請の重層化

○建設投資が減少し、受注価格が低迷する中、工事の繁閑に対応する目的から、専門工事業者が直接施工に必要な技能労働者を雇用から請負へ外部化（非社員化）する動きが常態化
⇒下位の下請段階において、主に同業種間で労務提供を行うための重層化が進行
・現場施工を担う技能者の技量や就労状況の把握・管理が困難
・技能者の地位の不安定化を招き、就労環境が悪化するおそれ
・「偽装請負」のような雇用か請負かあいまいな就労形態を招くおそれ

▼

重層下請構造の改善は、広範にわたる課題であり、さらに検討を深めることが必要。
重層下請構造の改善に向けて、今後、どのような問題点について、どのような対策を検討していくべきか

（参考）当面講じる対策

（１） 施工管理を行わない下請企業の排除

工場製品や資材等の販売を行う代理店等が自ら施工管理を行わず、建設業法上必要とされる役割を果たしていない企業の施工体制からの排除を徹底
○一括下請負禁止の徹底（判断基準の明確化と運用の強化）
○主任技術者の専任配置等の徹底
・前提として、下請の主任技術者等の役割の明確化。実態を踏まえた主任技術者の適正配置のあり方について検討

（２） 専門工事業者が中核的な技能労働者を雇用しやすい環境整備

下位の下請段階にみられる労務提供を行う下請の重層化を抑制するため、１次や２次の専門工事業者が中核的な技能労働者を社員として雇用しやすい環境整備
○公共工事の施工時期の平準化や、繁閑調整のための環境整備
○建設キャリアアップシステムの整備
・技能労働者の技能・経験を蓄積するシステム整備により、優秀な技能労働者を雇用する企業が客観的に把握され、施工力の評価に資することを通じて工事を受注しやすくなる環境を整備
○社会保険未加入対策の徹底
・法定福利費の内訳明示等による法定福利費の確保等の促進等

国土交通省「重層下請構造の問題点」より

スーパーゼネコンである鹿島建設では、令和5年までに下請を原則二次までに留めると業界新聞で打ち出し、以下の取組みをしています。

■原則二次までに留めるための改善取組事例

・一次会社が三次会社と直接契約、三次の一人親方を（一次会社か二次が）直接雇用する。
・三次となっている一人親方に建設業許可を取得させ、一次会社が二次として契約する。
・二次に労働者がおらず、一人親方を三次として契約している場合、一次が二次を吸収する。
・二次会社に、三次の協力会社を吸収合併させる。
・商流を見直し、商社を介さず一次会社より直接契約する。
・工程に無理が生じないよう、工区分けを行い、複数の二次に分割契約する。

2 持続可能な建設業に向けた環境整備検討会

国土交通省は、担い手確保や生産性向上といった従前からの課題や、昨今の建設資材の急激な価格変動等の環境の変化を踏まえ、将来にわたり建設業を持続可能にするための環境整備に必要な施策の方向性を検討する「持続可能な建設業に向けた環境整備検討会」を設置しました。

令和5年3月29日に出されたとりまとめは、建設業界において長年議論されていた重層下請構造、技能労働者の処遇改善、業界慣習などについて切り込んだ内容となっています（►図表4-2）。

特に重層下請構造の背景には、業界の需給調整の仕組みである「応援」があります（► P.141）。「応援」では、技能労働者の仕事への関わり方、責任の所在が不明確になっている事実があるため、まずはICTを活用した施工体制の見える化をする重要性について記載されています。施工体制の見える化により、必要以上の重層化を防ぎ、規制逃れの一人親方なのか本来の一人親方なのかを確認することができます。

■持続可能な建設業に向けた環境整備検討会　提言概要　[図表 4-2]

✓ 請負契約の透明性を高めることでコミュニケーションを促し、発注者を含む建設生産プロセス全体での信頼関係とパートナーシップを構築することで、適切なリスクの分担と価格変動への対応を目指す。
✓ 労務費を原資とする低価格競争や著しく短い工期による請負契約を制限することで、価格や工期を競う環境から、施工の品質などで競う新たな競争環境を確保し、建設業全体の更なる持続的発展を目指す。

協議プロセス確保による価格変動への対応

➢**請負代金変更ルールの明確化**
価格変動時における受発注者間での協議を規定する民間約款の利用を基本とし、当該条項が請負契約において確保されるよう法定契約記載事項を明確化。

➢**見積り時や契約締結前の、受注者から注文者に対する情報提供を義務化**
請負契約の透明性を高めることで民間工事における価格変動時の協議を円滑化するため、建設業者から注文者に対し、建設資材の調達先、建設資材の価格動向などに関する情報提供を義務化。

➢**透明性の高い新たな契約手法**
契約の透明性を高めるため、請負代金の内訳としての予備的経費やリスクプレミアムを明示するとともに、オープンブック・コストプラスフィー方式による標準約款を制定することで請負契約締結の際の選択肢の１つとする。

賃金行き渡り・働き方改革への対応

➢**労務費を原資とする低価格競争を防止するため、受注者による廉売行為を制限**
中央建設業審議会が「標準労務費」を勧告し、適切な労務費水準を明示。受注者となる建設業者がこれを下回る労務費による請負契約を締結しないよう制限。

➢**下請による賃金支払いのコミットメント（表明保証）**
請負契約において、受注者が「標準労務費」を基に適正賃金の支払いを誓約する表明保証を行うよう制度化。

➢ **CCUS レベル別年収の明示**
技能労働者自身が技能に応じた適切な賃金を把握することで適切な処遇の確保が進むよう、CCUS レベル別年収を明示。

➢**受注者による、著しく短い工期となる請負契約の制限**
時間外労働や休日にしわ寄せが及ばないようにするため、受注者に著しく短い工期による請負契約を制限。

実効性の確保に向けた対応

➢ **ICT を活用した施工管理による施工体制の「見える化」**
国が ICT を活用した施工管理の指針を策定し、特定建設業者による施工体制の適時適切な把握を可能とすると共に、許可行政庁においても必要に応じて賃金支払いの実態について確認することができる仕組みを構築。

➢**許可行政庁による指導監督の強化**
建設業法第 19 条の 3（不当に低い請負代金）違反への勧告対象を民間事業者に拡大するとともに、勧告に至らなくとも不適当な事案について「警告」「注意」を実施し、必要な情報の公表ができるよう、組織体制の整備を含めて措置。

国土交通省「持続可能な建設業に向けた環境整備検討会　資料」より

他にも、上流から支払われた金額を上限として賃金を決定する従来の労務費確保では、下流にしわ寄せがきて、技能労働者にとって適正な賃金水準となっているかが不明であるため、設計労務単価等で技能労働者が適正な賃金を確保した上で、必要な法定福利費等の経費をのせて上流へあげる流れをつくることが重要とされています。

■適正な労務費確保のイメージ　［図表 4-3］

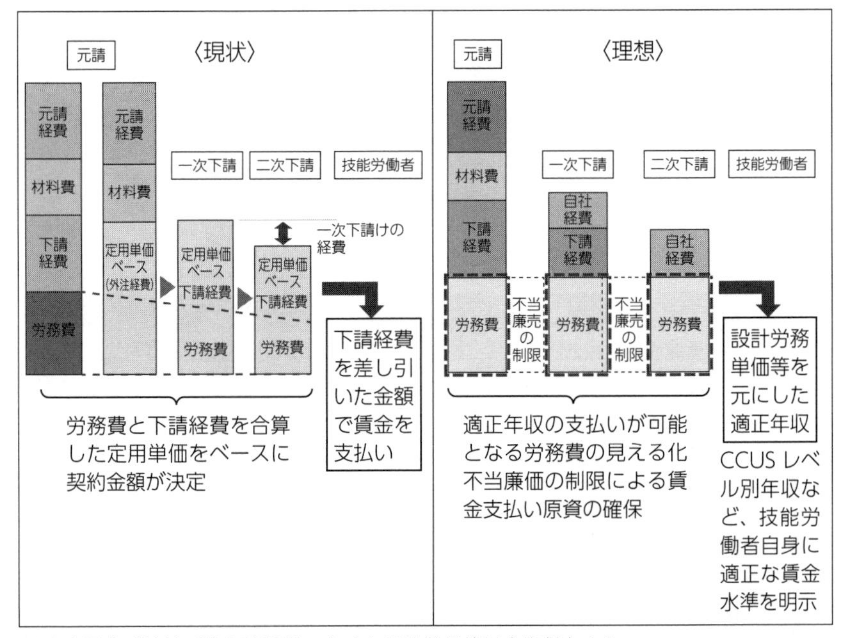

国土交通省「持続可能な建設業に向けた環境整備検討会資料」より

技能労働者の単価確保のためには、技能労働者一人ひとりに建設キャリアアップシステム（CCUS）への登録をさせ、システムと賃金を結びつけることが課題です。併せて発注者と元請との契約で、適正な工期が守ることが必要だと提案されています。重層下請構造の改善のためには、法的規制により、業界を変える必要があります。

Ⅱ　一人親方問題

1　一人親方の現状

一人親方とは、労働者を雇用せずに自分自身と家族だけで事業を行う事業主のことをいいます。一人親方は事業主であり、請負で仕事を受注しているため、誰かから業務のやり方についての指示を受けたり、時間管理をされたりしません。しかし建設業においては、雇用と請負が非常にあいまいな状況にあります。雇用か請負かは、「労災の特別加入をしている」や、「事業主として確定申告をしている」といった形式的なものではなく、実際の働き方で決まります。

社会保険未加入問題の際の保険の加入逃れ、また働き方改革での労働法の規制逃れのために一人親方化が進んだともいわれ、国土交通省は「建設業の一人親方問題に関する検討会」で対応を協議しています。

2 一人親方のメリットと懸念事項

一人親方として働くメリットと懸念事項を、整理していきます。

[図表 4-4]

一人親方となることのメリット

○職場にとらわれない自由な働き方が可能
○仕事をやればやるほど稼ぐことが可能
○自分の腕次第では高報酬も可能

一人親方の懸念事項（技能労働者本人）

○業務中の怪我や事故はすべて自己負担（労災の特別加入制度を利用している場合は掛金によって給付額が支払われる）
○雇用保険に加入できないため、失業保険の対象にならず、仕事がなくなったときの保障がない
○いつまで働けるかわからないため引退後（老後）の生活が不安定
○厚生年金への加入をしていないため、老後の補償が少ない

一人親方の懸念事項（建設業界）

○法定福利費等の負担逃れのための一人親方化
○働き方改革といった労働法の規制逃れのための一人親方化
→偽装請負のおそれ
→業界として安定した担い手確保に支障

3 雇用と請負の違い

雇用される従業員は労働法の規制の対象となりますが、請負で仕事をする一人親方は事業主となるため、労働法の規制の対象外になります。その他の違いについては、以下でまとめた通りです。

[図表 4-5]

	請負（一人親方）	雇用（従業員）
時間管理	されない	される
労災保険・現場労災	適用されない	適用される
労災保険・特別加入	加入できる	加入できない
雇用保険	加入できない	条件が満たされれば加入
支払い	外注費	給与
消費税	かかる	かからない
所得税	確定申告	源泉所得税（年末調整）

4 一人親方問題に関する検討会

国土交通省では「建設業の一人親方問題に関する検討会」を実施しています。この検討会が示した「適正一人親方の目安」によると、適正と考えられる一人親方とは、「請け負った仕事に対し自らの責任で完成させることができる技術力と責任感を持ち、現場作業に従事する個人事業主である」とされています。一人親方は1人で業務を請け負うわけですから、それなりの覚悟と技術が必要ということになります。

ただし、検討会が一人親方という形態を全部否定しているわけではありません。労働者かそうでないのかの厳格な判断が難しいことを念頭に置きつつ、社会保険の加入逃れへの対応や、未熟な技能労働者の処遇改善、技能向上の観点も踏まえ、建設業界の共通認識としての「適正一人親方の目安」を策定し、建設現場においてこれに満たない技能労働者はひとまずは雇用関係へ誘導をしていくことを方針としています。

以前、18歳の一人親方に会ったことがありますが、一人親方とは何かを理解しているわけではなく、保険料が引かれず、単に手取りが高いから一人親方を選んだという話でした。このような例に対して、雇用への誘導が進められると考えられます。

ポイント

適正一人親方の考え方

・実務経験年数10年程度以上
・CCUSレベル3相当以上
→レベル3の判定に必要な実務経験年数、保有資格は職種によって相違があります。

5 労務上の一人親方を外注とするリスク

労務上のリスクは、労災事故が起きてから明るみに出るケースがあります。

例えば、一人親方のaさんは、A建設の一社専属で仕事をしていたとします。一社専属で、その会社からの指揮命令を受けて働いている場合、本来は請負ではなく雇用に近い働き方です。

[図表4-6]

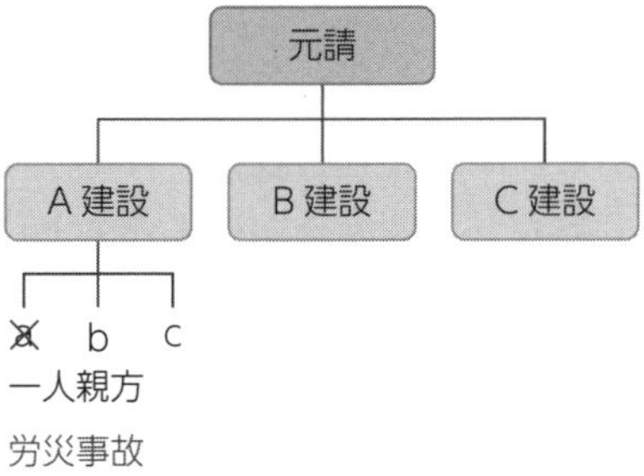

ある日、A建設が担当する商業施設の現場で火災事故が起こり、巻き込まれたaさんは亡くなってしまいました。形式上は、aさんは一人親方であるため、現場労災を使うことはできず、特別加入の労災保険で対応することになります。

しかし、aさんの家族から「A建設の仕事しかしていませんでした。A建設から指示があり、休みたくても休めないような状況でした。このような働き方の場合は労働者といえるのではないでしょうか？」と、労働者性を訴えられました。労働者性が認められ、請負契約ではなく雇用契約だったと判断がされれば、A建設には労災に関する補償はもちろん、長時間労働等があれば未払い残業代の問題が生じるおそれがあります。さらに、A建設は安全配慮義務違反を問われる可能性も出てきます。

6 税務上の一人親方を外注とするリスク

一人親方に外注として仕事を依頼している会社に、税務調査が入ったとします。その際、一人親方の働き方が「雇用ではないか？」ということで、外注費が否認され、給与認定をされるとどうなるのでしょうか。この場合、以下のような対応となります。消費税や源泉所得税が後から追徴されるため、会社としてはかなりの打撃を受けます。

■外注費が否認され給与認定された場合のリスク

〈税金〉

・消費税→仕入税額控除の適用が受けられない

・源泉所得税→事業主に源泉徴収義務があるため過去に遡って徴収

・不納付加算税→源泉所得税を納期限までに納めなかったペナルティーが取られる

・延滞金

〈その他〉

・労働保険料の不足分の徴収

・社会保険料も遡って修正

トークルーム

雇用と請負

一次会社　「元請から、Aさんの雇用保険の加入を指示されたので、保険の手続きをお願いします。」

社 労 士　「あれ？この方、一人親方でしたよね？」

一次会社　「そうですよ。元々一人親方でしたが、現場からの指導もあり、うちの会社で雇用保険に加入することにしたんです。」

社 労 士　「そうでしたか。では保険関係の手続きをしますね。
今後は、外注費ではなく給与になりますから、給与計算しっかりやってくださいね。」

一次会社　「え？どういうこと？支払いは今まで通り外注費のままだよ。」

社 労 士　「雇用保険に加入するということは、雇用されるんですよね？外注費で払うと請負になってしまいます。雇用なのか請負なのかをはっきりさせないと、税務調査が入ったら大変ですよ。」

一次会社　「えー！！なんだかわからないよ。何が起きちゃうの？」

社 労 士　「詳しいことは税理士さんにきいてみましょう。」

税 理 士　「これは困りましたね。それでは税務上のリスクを説明します。雇用に関しては、給与で支払います。そのため、毎月源泉所得税という税金を引き、年末調整で税金を調整する仕組みになっています。請負のときに支払う外注費からは源泉所得税は引きません。そして、支払時に消費税をのせて支払うことになります。外注費ではなく、給与として支払うべきだったと後から判明した場合、毎月取らなければいけなかった源泉所得税を取ることになりますし、消費税の計算方法も変わってきます。きちんとやらないと大変なことになりますよ。」

一次会社　「困った！！先生、ちゃんとやりますので助けてください！！」

ポイント

雇用か請負かはどのような働き方をしているかで決定します。P.46のチェックリストを参照し、どちらなのかを明確にしましょう。その上で、適正な税務上の手続き、保険関係の手続きをすることが大切です。

7 インボイス制度

令和5年10月からインボイス制度が適用になります。インボイスとは仕入税額控除を受けるための要件のことです。ここで問題なのは、売上1,000万円未満の免税業者への対応です。一人親方は免税業者が多いため、対応を検討していく必要があります。

■消費税の支払いの仕組み

消費税の支払いはお客様から預かった消費税をそのまま税務署に支払うのではなく、実際に自社で支払った消費税分を引いた消費税の差額を支払うことになります。

[図表 4-7]

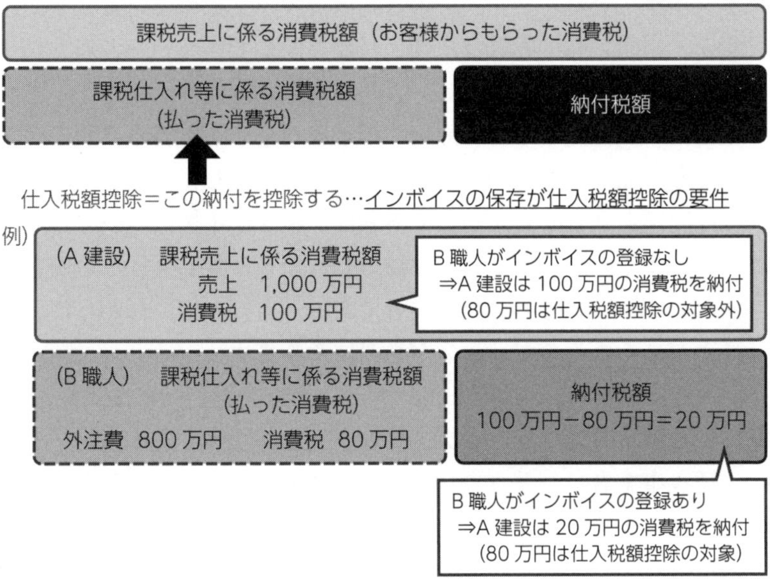

■インボイス導入にあっての検討課題

免税業者（売上 1,000 万円未満）の一人親方は、今まで消費税をもらっていても収めてはいませんでした。しかし、今後インボイス登録をしていなければ、仕入税額控除の対象でなくなるため、上請会社（►図表 4-7 下段における A 建設）は今まで一人親方（►同 B 職人）に支払っていた消費税分の仕入税額控除を受けられず、その分の消費税も負担をすることになります。

となれば当然、上請会社は一人親方に対して、インボイスの登録をお願いすることになります。しかし、今まで免税業者であった一人親方がインボイスを登録することによって課税業者になったら、消費税を支払わなければなりません。現実的に、今まで支払わなかった消費税を支払うわけですから、手取りは減っていきます。加えて課税業者への登録となれば、税務的な手間も増えることになります。

もちろん1,000万円未満の売上であれば免税業者であるため、インボイス登録をせず、そのまま消費税を支払わない選択もできますが、上請にしてみれば、仕入税額控除のできない一人親方より、インボイス登録をしている一人親方を選ぶ可能性が高くなります。

ただ、大前提として、雇用なのか請負なのかを明確にするべきでしょう。雇用であれば、適正な保険に加入をし、仕事を継続していけば問題ありません。請負であれば、インボイスについてどのように対応するのか、お互いの立場でしっかりと話し合うことが重要です。いずれにしても、免税業者である一人親方はこれから仕事のリスクが高くなるので、注意が必要になります。

■免税と課税のメリット・デメリット

免税事業者は、基準期間の課税売上高が1,000万円未満であれば消費税の申告納税義務が免除されますが、課税事業者（法人等）との取引減少リスクを防止するには、課税事業者への転換が効果的です。しかし、新たに消費税の納税義務が発生するだけでなく、日々の事務負担も増大するため、お客様との関係性の整理や、経理作業の負担を軽減する仕組みの導入も併せて検討しましょう。

［図表4-8］

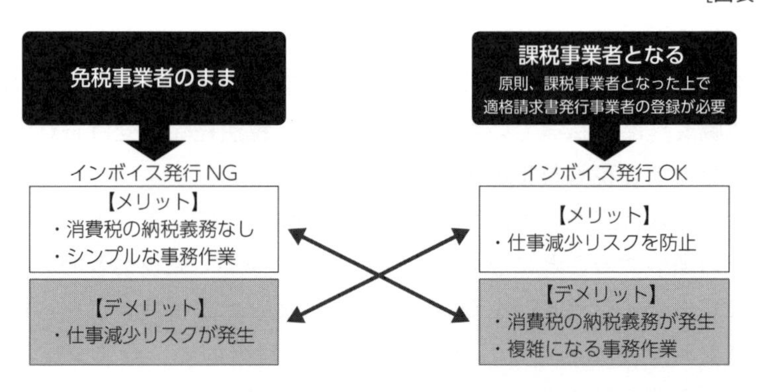

■一人親方（今まで免税事業者）の今後

① 免税事業者のまま
- 取引から排除されてしまう可能性がある
- 相手方から10%相当額の値引きを要請される可能性がある

② 課税事業者（適格請求書発行事業者）になる
- 消費税の納税義務が発生する
- 繁雑な事務作業への対応で経費がかさむ

→①・②のいずれも所得が減少する可能性大

8 これからの一人親方

一人親方自体に問題があるわけではなく、一人親方を名乗る人がそのリスクを本当に理解しているかということが重要です。一人親方の場合、労働基準法の対象とされず、労災保険の対象ともならず（特別加入は可能）、雇用保険の対象にもなりません。また、コロナ禍で仕事がなくなった事業主が利用できる雇用調整助成金という助成金がありますが、雇用保険の被保険者が対象となるため、一人親方は受給できません。一人親方は自分で頑張った分がすべて自分の収入となりますが、労働者ではないため、補償が少ないことを理解しておきましょう。

さらに税金の面でも、インボイス制度の開始に伴い、登録の検討や対応をしなくてはいけないことになります。これを機に、適正な基準に則って一人親方かどうかを判断し、実態に合った労働形態になるよう見直しを進められるとよいでしょう。例えば、免税業者の一人親方が高齢であるなど、インボイス対応にかかる手間を省きたい場合は、今後は一社専属でいくと決めて雇用へ切り替える手もあります。実態を見ても請負形態である一人親方に対しては、適正取引の推進と専門的技量に対する適正な請負代金の確保ができるような措置を検討していく必要があります。

Ⅲ　日給月払い制

1　日給月給制といっているが、実際は日給月払い制

建設業の現場作業員の大きな問題は日給月払い制であることです。現場では日給月給制といっていますが、実態は異なります。日給月給制とは、月額の給与は決まっていて、欠勤等があればその分が控除されることをいいます。現場作業員の場合は、月額の給与が決まっているわけではなく、出勤した日数の賃金の１か月分がまとめて支払われる日給月払い制が未だ多い状況です。

日給月払い制の問題点は、１日いくらという単位での給与の支払いであるため、「時間管理」という感覚がないことです。日給といえども労働者である以上は、時間管理は法律上の義務です。にもかかわらず、今までの慣習から「出面表」と呼ばれるカレンダーのようなものに出勤したら「○」をつけ、現場名を書くだけのケースが多いです。時間外労働の上限規制といっても、そもそも始業と終業の時間の記録がないため、どこからが時間外労働なのかがわからないのです。働き方改革が進まない根本的な原因はここにあります。

そもそも日給月払い制が主流であるのは、現場が土曜日も開いていること、天候に左右されるため施工ができない日もあることから、仕事がある日が労働日という感覚が浸透しているからです。経営者にしてみれば、月給制にして、仕事がなかったら給与を払えないという不安もあり、日給月払い制が定着しています。

2 所定労働日が決まっていない

働き方改革が始まり、「4週6閉所」「4週8閉所」といった言葉を耳にするようになりましたが、要は所定労働日が決まっていないことを意味します。土曜日であろうと建設現場は開いている状態です。

仮に休日が決まっていたとしても原則日曜日のみであるため、日給制の建設作業員は、法定労働時間の1週40時間を超えた時間が所定労働時間扱いされている可能性が高いです。さらに、1日の所定労働時間で考えても、お昼に1時間、午前午後に各15分から30分ずつ休憩時間を取っているので、必ずしも8時間でないケースが多いです。

このように所定労働日、所定労働時間が決定していないため、振替休日を使うことはできず、年次有給休暇の取得もできません。法令上、年次有給休暇の取得義務がスタートしたことから、雨で施工ができない日に年次有給休暇を充てたり、稼働が少ない月の日給分を補填したりといった、本来の年次有給休暇とは意味合いが違った運用がされています。加えて、上請から年次有給休暇分としての1日単価をもらっているわけではないので、今のような運用は、日給月払いをしている会社にとって、かなり大きな負担となっています。

まずは、自社の所定労働日、所定労働時間を決定し、どこからが時間外労働なのかを把握することが重要なのです。

Ⅳ　建設業は派遣ができない

1 建設業と労働者派遣法

労働者派遣事業とは「自己の雇用する労働者を、当該雇用関係の下に、かつ、他人の指揮命令を受けて、当該他人のために労働に従事させること」（労働者派遣法２条１項）をいいます。

建設業務では、労働者派遣法４条により派遣が禁止されています。これは建設業務に直接関わる業務を禁止するもので、現場事務所での事務員、CAD オペレーター、施工管理（工程管理・品質管理・安全管理等）業務専任の主任技術者や監理技術者は禁止されていません。ただし、これらの業務を目的として受け入れた派遣労働者に建設業務をさせた場合は当然違反です。建設業務とは、工事現場における「土木、建築その他工作物の建設、改造、保存、修理、変更、破壊若しくは解体の作業又はこれらの準備の作業に係る業務」のことをいいます。例えば、施工管理業務の派遣労働者に、空き時間で資材置場の整理や残材片付け等をさせた場合、直接建設業務に従事したとして違反になります。

また、自社の従業員を他社の指揮命令下で、逆に、他社の従業員を自社の指揮命令下で働かせる労働者の貸し借りも労働者派遣法違反です。

2 職業紹介事業

求人および求職の申込みを受け、求人者と求職者の間の雇用関係の成立をあっせんすることを職業紹介事業といいます。職業紹介事業は有料と無料とがあり、有料職業紹介事業者が建設業務に就く職業の求職者を紹介することは職業安定法により制限されていますが、無料職業紹介についての制限はありません。

■有料職業紹介とは

有料職業紹介とは、実施計画の認定を受けた事業主団体が、求人者（構成事業主）または求職者（構成事業主（一人親方）や構成事業主に常時雇用されている者）のいずれか一方を対象とし、建設業務に就く職業の雇用関係（期間の定めのない労働契約に限る）の成立を有料であっせんをすることをいいます。

[図表 4-9]

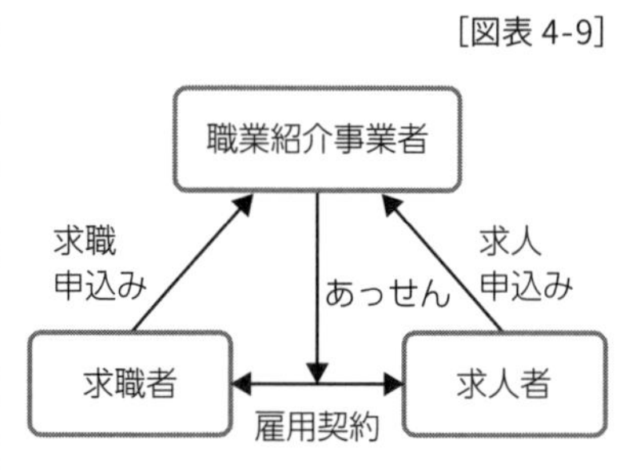

3 労働者供給事業

労働者供給事業とは、「供給契約に基づいて労働者を他人の指揮命令を受けて労働に従事させること」（職業安定法 4 条 8 項）をいいます。建設業界では労働者派遣は禁止されていますが、それに近い働き方として労働者供給が認められています。

しかし、労働者供給事業は誰もができるわけではなく、職業安定法 45 条に基づき、厚生労働大臣の許可を受けた「労働組合」だけが可能です。労働組合は、供給先（＝企業）と、労働者として供給する組合員の労働条件について労働協約を締結し、組合員は、労働組合が供給先と締結した労働協約に基づく労働条件で供給先と雇用関係を結びます。

[図表 4-10]

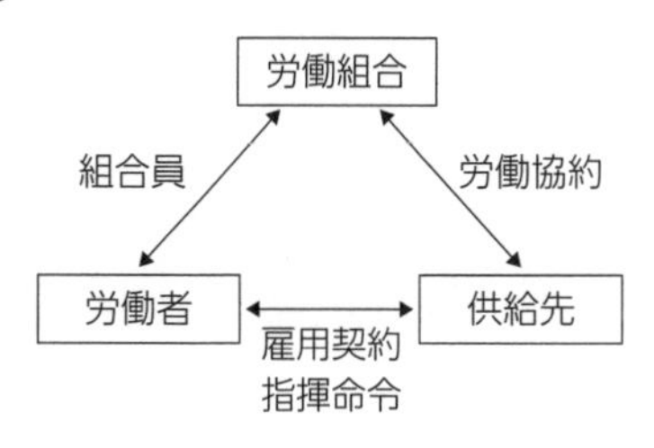

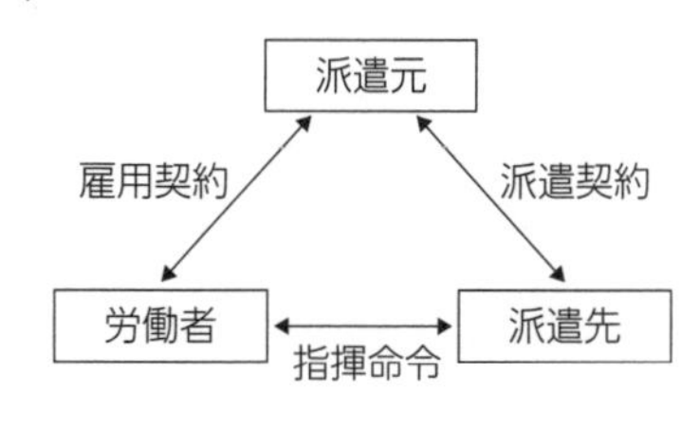

コラム

労働者供給事業と応急仮設住宅

建設業の大きな役割に、災害復興への対応があります。例えば、災害により住む場所を失ったとき、被災者の一時期的な住まいとして応急仮設住宅が整備されます。これを建設するのは当然、建設作業員です。しかし、災害が起きたとき、地元の建設作業員も被災しており、地元だけでの対応は不可能です。そこで大きな役割を果たすのが労働者供給事業です。建設業では派遣は禁止されているため、労働者供給事業により全国から建設職人を集め、被災地での仮設住宅の建設に従事してもらいます。労働者供給事業は、厚生労働大臣の許可を受けた労働組合だけが行える事業であるため、労働組合が大きな役割を果たしています。

仮設住宅は、1日も早く、被災者に提供できるよう、1日も早く、建設しなくてはなりません。それと同時に、本来仮設住宅の使用期間は災害救助法により最長2年とされていますが、復興状況によっては、行政官庁の許可を受けて延長可能とされており、最近では長期化の傾向がみられます。仮設住宅といっても、「住む人にとってはたかが仮設」ではないのです。図表4-13の写真は、被災地の作業現場で共有された張り紙です。建設作業員が矜持を持って仕事に取り組んでいることがよくわかるのではないでしょうか。

災害の多い日本での生活は、被災直後から対応にあたってくれる建設業に関わる人の役割に支えられています。そして、迅速な対応には、建設業の中での助け合いが重要なのです。

[図表 4-11]

[図表 4-12]

[図表 4-13]

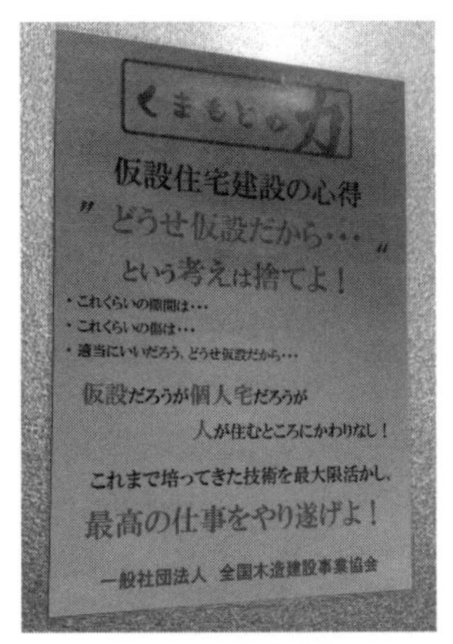

全国木造建設事業協会（全木協）「社会のために木造建築に何ができるかを考えています」より
HP ► zenmokkyo.jp

コラム

労働者供給事業と建設キャリアアップシステム（CCUS）

広島県建設労働組合では、組合会館の立直し事業に労働者供給事業を利用しました。今回のスキームでは、供給元は広島県建設労働組合、供給先は地元の建設会社、そして労働組合の組合員が元請会社との雇用契約を結び、会館の建設事業に携わります。

[図表 4-14]

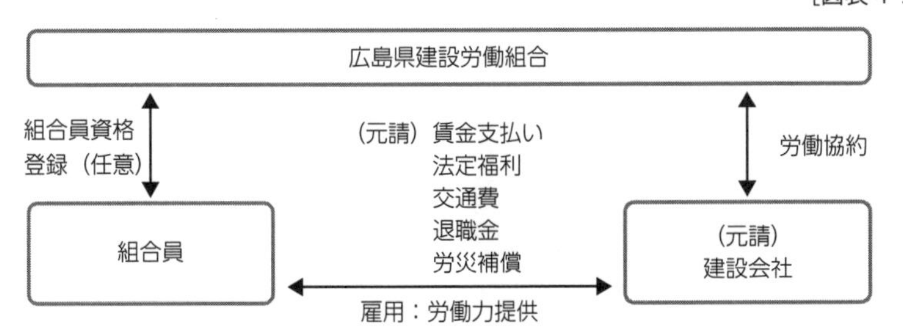

建設労働組合の組合員には一人親方の職人も多くいます。供給元である広島県建設労働組合は、組合員である一人親方へ仕事の供給ができます。

一人親方の組合員にもメリットがあります。請負の場合、請負金額が口約束であったり、不安定な環境で仕事をすることがあったりしますが、労働者供給事業では、労働協約のなかで労働条件が定義されており、労働時間、休日、１日の単価がしっかり明示されるため、安心して働くことができるのです。また、一人親方が一緒に働くことにより、技術の継承も期待できます。

また、この現場では建設キャリアアップシステム（CCUS）を活用しているため、毎日入退場時には、カードをタッチし就労履歴の蓄積ができます（►図表 4-15）。その記録を活用して、建設業退職金共済制度に電子届出を行い、退職金ポイントを付け加えます。建設キャリアアップシステム（CCUS）の登録はしたものの活用していない人もいるなかで、この現場でメリットを感じてくれる人が増えてくれば、システムの浸透につながります。

労働者供給事業は、一人親方の業務の確保には意味のある事業となっていますが、今後も一定量の仕事が確保できるのかには大きな問題があり、継続した事業としてはさらなる工夫が必要になってくるのかもしれません。

[図表 4-15]

広島県建設労働組合より

[図表 4-16]

「建設キャリアアップシステム」の
運用について

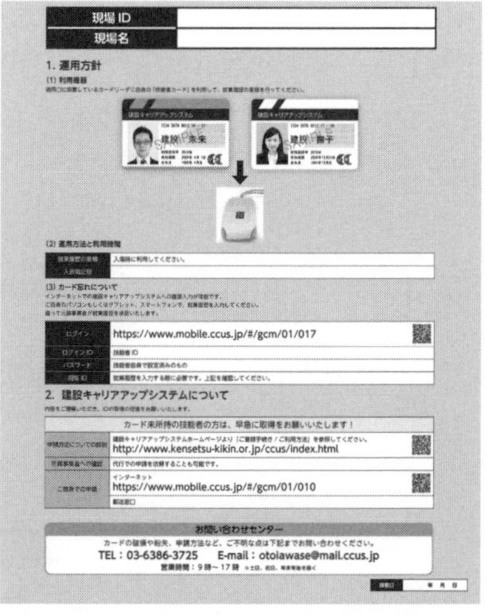

現場ID	
現場名	

1. 運用方針

(1) 利用機器

(2) 運用方法と利用時間

(3) カード忘れについて

ログイン	https://www.mobile.ccus.jp/#/gcm/01/017
ログインID	技能者ID
パスワード	技能者自身で設定済みのもの

2. 建設キャリアアップシステムについて

カード未所持の技能者の方は、早急に取得をお願いいたします！

建設キャリアアップシステムホームページより「ご登録手続き／ご利用方法」を参照してください。
http://www.kenseteu-kikin.or.jp/ccus/index.html

代行での申請を依頼することも可能です。

インターネット
https://www.mobile.ccus.jp/#/gcm/01/010

お問い合わせセンター

カードの破損や紛失、申請方法など、ご不明な点は下記までお問い合わせください。

TEL：03-6386-3725　E-mail：otoiawase@mail.ccus.jp

営業時間：９時～17時

建設キャリアアップシステム「現場運用マニュアル」より

V　建設業界の常識

1 徒弟制度とは

建設業界では未だに「徒弟」や「見習い」という区分をすることがあります。「徒弟」や「見習い」の待遇について、労働基準法69条では、「使用者は、徒弟、見習、養成工その他名称の如何を問わず、技能の習得を目的とする者であることを理由として、労働者を酷使してはならない」とされています。にもかかわらず、「見習いだから日給は8,000円」といった支払い方をしているケースがあります。見習いといえども労働者であることには変わりはなく、同様に労働法が適用されます。つまり、時間単価が最低賃金を下回るようなことは許されず、時間外労働についても36協定の範囲内でしかすることはできないのです。

特に大工の業界では、徒弟制度のなかで親方と寝食を共にし、技、知恵、仕事に対する心構えを学んできたという歴史があります。そうして育ってきた現在の職人にとって、労働法の内容は受け入れがたい部分もあるでしょう。しかし、大工を1つの職業としてみた時に、やはり基本的な労働条件が整っていなければ、安心して働くことは難しいといえます。大工としての能力向上と労働条件は別に考える必要があります。

2 応援とは

建設工事では、工期や施工の進捗状況によっては人が足らず、他社の従業員に応援に来てもらうことがあります。ただ、この場合の働き方には注意が必要です。実態は、人の貸し借りで、その対価を事業主同士がやりとりする「人工だし」（一般的に偽装請負といわれる状態）になっているケースがあります。建設作業員の派遣はできないため、直接の作業指示はできません。現場で仕事をしてもらう方法を指示の可否で大別すると以下の2つが考えられます。

① 直接雇用→応援にきた従業員を直接雇用する

直接雇用であれば、指揮命令をしても問題ありません。

[図表 4-17]

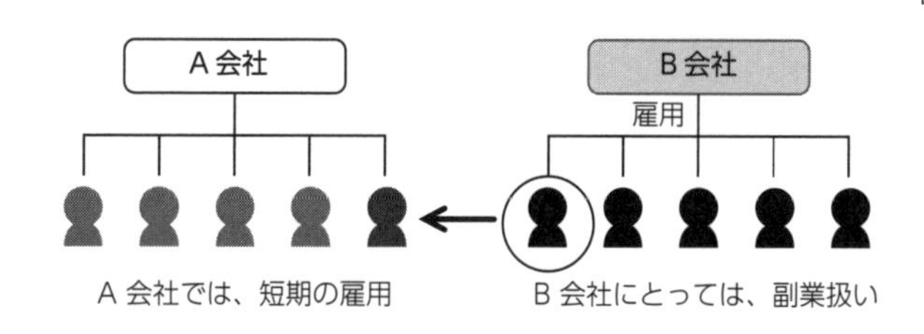

② 請負契約→応援にきた従業員と請負契約をする

請負は、労働の結果としての仕事の完成を目的とし、発注者と労働者との間に指揮命令関係は生じません。この場合、施工体制上は下請になるので、再下請負通知書（► P.52～53）の作成が必要です。加えて一人親方であれば、労災保険も適用にならないので、特別加入の必要があります。

[図表 4-18]

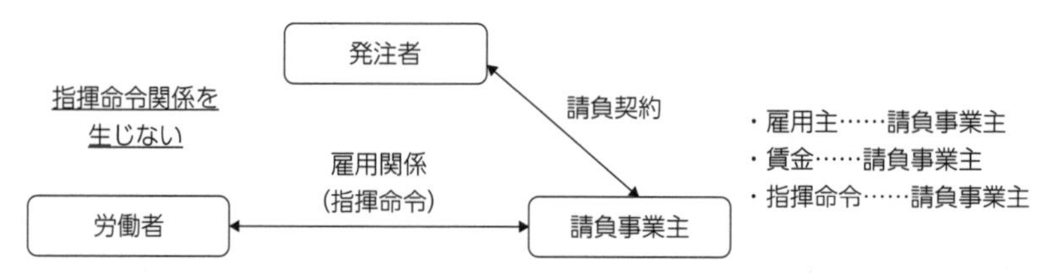

3 手間請とは

手間請とは、元請から材料が支給され、労務だけを請け負うことをいいます。

4 常用（常傭）とは

常用（常傭）とは、ある特定の会社に専属で使われ、現場で作業した指定の時間分の報酬を受け取る職人のことをいいます。常「庸」の字を用いる場合は、１日単位での支払いであることを示します。

報酬が発生する基準、その会社への１社専属なのか掛け持ち可能なのかといった使用従属性といった観点から、雇用と請負との違いは押さえておきましょう。

5 材工一式とは

資材と人工（人材）の両方をセットで用意し、請け負うことをいいます。

第５章
適切な保険について

I　保険の全体像

一言で社会保険といわれていますが、社会保険には広義の社会保険と狭義の社会保険があります。それぞれ法律が違うので、加入の対象者も違ってきます。面倒くさいと思うかもしれませんが、1つひとつの法律や仕組みを知ることで、保険への理解も深まっていきます。

[図表 5-1]

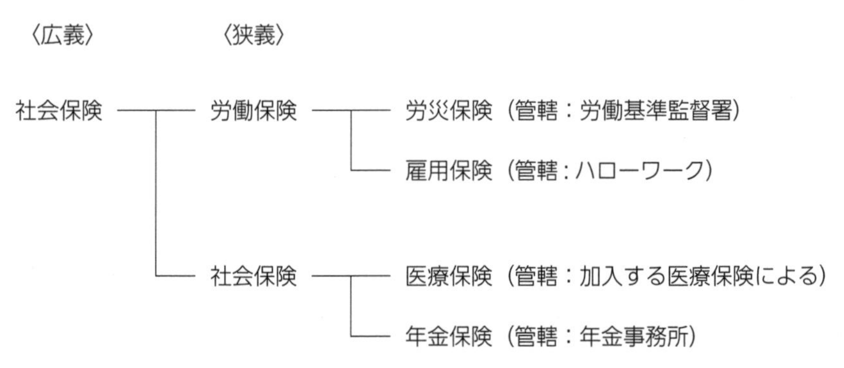

Ⅱ 労働者災害補償保険（労災保険）

1 労働者災害補償保険（労災保険）とは

労働者災害補償保険（以下、労災保険といいます）の根拠は、労働基準法75条に規定されている災害補償からきています。労働者が業務中や通勤途中で怪我等にあった場合の補償です。

当然労働者のための補償になるため、経営者、役員、同居の親族等は対象になりません。しかしながら建設業の場合、中小零細企業が多く、経営層も従業員と同じように現場に出て怪我をする可能性が十分にあり、同じような危険に晒されます。そのため、労災保険制度が使えない事業主は、特別加入制度という自分で掛け金を決めて加入できる労災の制度を利用することになります。特別加入制度への加入は法律的な義務ではありませんが、元請の指導により、特別加入の番号を持っていなければ現場に入ることができないようになっています。

■労災保険の適用者

・労働者……アルバイトを含めたすべてが対象
　現場作業員→現場労災を使用
　社内従業員および事務所での作業も行う現場作業員
　　→会社（事業所）の労災を使用

・代表者、役員、同居親族……適用除外

2 労災保険の適用事業所

労働保険の適用事業となったときには、労働保険の保険関係成立届を所轄の労働基準監督署またはハローワークへ提出をします。そして、その年度分（4月～3月）の労働保険料を概算保険料として申告・納付する必要があります。

労働保険料の申告・納付等は、事業形態によって一元適用事業・二元適用事業の2つに分かれます。

■一元適用事業とは

一元適用事業とは、労災保険と雇用保険の申告・納付等に関して両保険を一元的に取り扱う事業です。

■二元適用事業とは

二元適用事業とは、その事業の実態からして、労災保険と雇用保険の適用の仕方を区別する必要があるため、保険料の申告・納付等をそれぞれ別個に（二元的に）行う事業です。都道府県および市区町村の行う事業、港湾運送の事業、農林水産の事業、建設の事業は二元適用事業として取り扱われます。

二元適用事業である建設業の労災保険は、さらに現場労災と事務所労災に分かれます。

① 現場労災とは

建設業では工事現場を1つの事業所と捉えます。現場労災とは、建設工事現場で起きた労災事故に関して補償する制度です。元請会社が加入することになります。

② 事務所労災とは

事務所労災とは、一般企業と同様に、事務所内での事故、現場とは直接関係のない業務中の事故に関して補償する制度です。それぞれの会社単位で加入することになります。

■労働保険番号

建設業の場合、事業主は労災の特別加入で労働保険事務組合を利用することがあるため、基幹番号が他業種より複雑です。また、上請会社から施工体制台帳とともに資料提出を求められることも多いため、番号の意味を理解しておくと便利です。

例）労働保険番号○○ × △△ ○○○○○○ △△△ [図表 5-2]

○○	×	△△	○○○○○○	△△△
府県	所掌	管轄	基幹番号	枝番号
東京：13 千葉：12 埼玉：11 など	労災（労基署）：1 雇用(ハローワーク)：3	それぞれの管轄労基署、ハローワークでつけられた番号	一元：末尾0 二元（雇保）：末尾2 二元（現場）：末尾5 二元（事務）：末尾6 一人親方：末尾8 ※事務組合委託あり 9から始まり末尾5 ※事務組合委託なし 6始まり	事務組合委託の事業所、単独有期を行う事業所等に整理番号として付与 ない場合は000

■単独有期事業と一括有期事業

労働保険の保険関係は適用単位である事業ごとに成立しますが、建設の事業の場合は一工事現場を一事業とし、事業の開始ごとに加入の手続きをすることとなります。建設の事業では、下請負事業の分離が認められた場合を除き、元請負人は下請負人に請け負わせた部分も含めて労働保険に加入しなければならず、保険関係が成立する事業の開始の日から10日以内に「保険関係成立届」を、工事現場を管轄する所轄労働基準監督署に提出します（►図表5-3)。

しかし、小さな現場1つひとつの労災保険の手続きをすることは非効率的であるため、一工事の概算保険料が160万円未満でかつ、請負金額が1億8千万円未満（消費税額を除きます）であるときは、一括有期事業として、継続事業と同様に年度でまとめることができます。ただし、この要件以上の場合は単独有期事業となり、事業ごとに個別に工事開始時の「保険関係成立届」と「概算保険料申告書」を提出し、終了時には「確定保険料申告書」を提出する必要があります。

■二元適用事業の場合　　[図表 5-3]

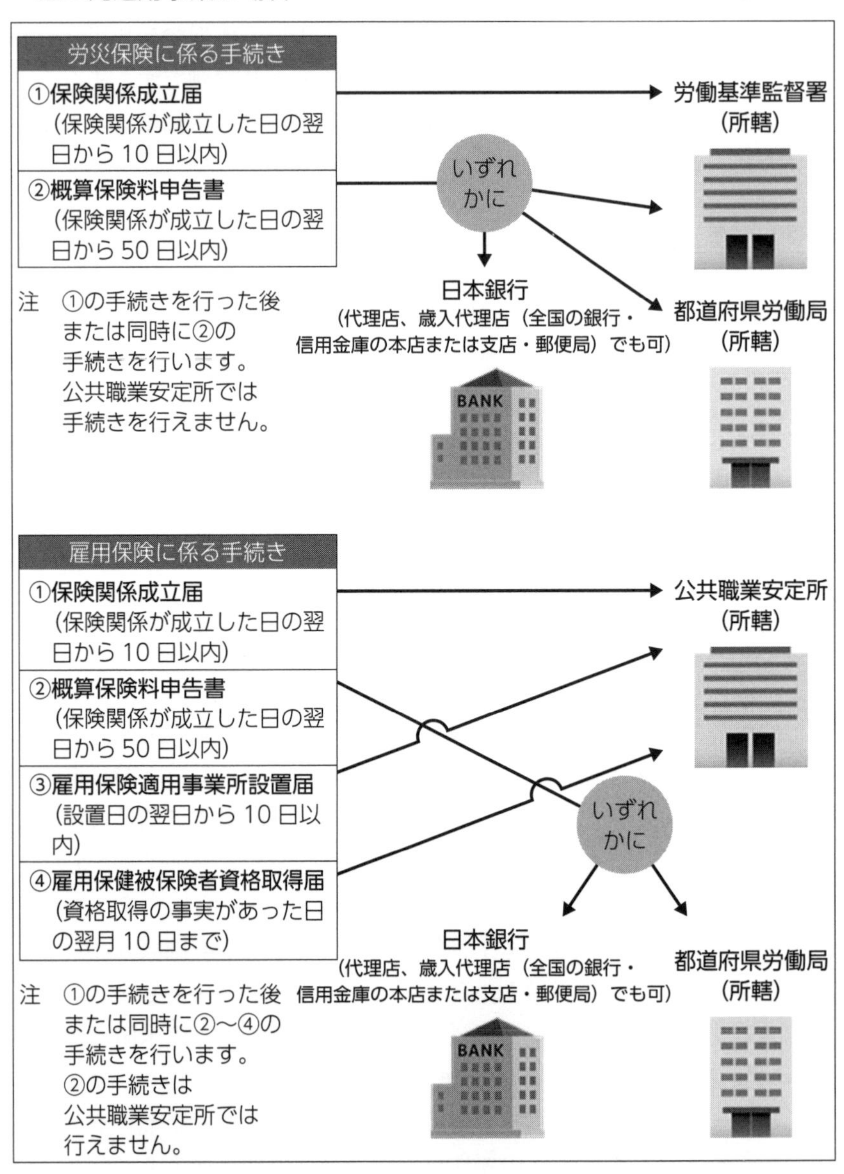

厚生労働省「労働保険の成立手続」より

3 特別加入制度とは

労働の対償として給与を支払われる人は、1日限りのアルバイトなども含む全員が労災保険の対象者となります。しかし労災保険とは、労働者のための保険であるため、法人の代表者、役員、個人事業主、事業主と同居の親族は対象になりません。建設業においては、事業主といっても労働者と同様に現場に出て怪我をする可能性があるため、対象者でなくても労災保険に加入できる仕組みとして「特別加入」の制度があります。

図表5-4において、「○」がついている人は労働者であるため、労災保険の対象となり、現場においては、元請の労災保険（現場労災）が適用されます。しかし、「×」のついている人は労災保険の対象外となり、現場労災を使うことができません。建設業においては、現場入場時に労災保険の加入をしているかを確認されるため、事業主や一人親方は特別加入をすることになります。特別加入制度は、中小企業の事業主が加入する第一種と、一人親方が加入する第二種に分かれます。

［図表5-4］

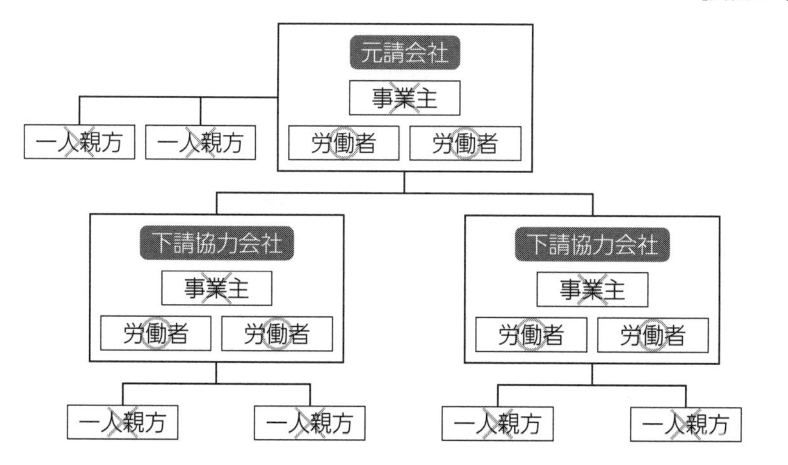

■特別加入の手続き

特別加入をするためには、労働保険事務組合に労働保険事務を委託することが必要です。委託の際には、特別加入の保険料の他に、入会金、年会費等の費用が発生します。これら事務組合費については、各事務組合で設定しているので、加入にあたって確認が必要です。最近ではネット上で格安の事務組合費を提示しているところもあります。さらに、実際に労災が発生した時の手続きに加え、中小企業事業主の場合は雇用保険の取得や喪失といった手続きが発生することもあります。そのため、事務組合費の他に都度手数料が必要なのか、それとも毎月の組合費で手続きまでしてもらえるのかを確認しておきましょう。

Q & A

特別加入について

Q 民間の労災上乗せ保険に入っていますが、特別加入もしなくてはダメですか？

A 特別加入は法律上の義務ではなく、加入しなくても大丈夫です。しかし、現場入場において特別加入を必須とするケースが多くなっているため、加入をせざるを得ない状況です。また、民間の保険とは違い、特別加入は国の制度です。万が一、死亡事故が起きた際は、家族がいれば、一時金ではなく遺族補償年金で保障がされます。いざというときの手厚さがあるので、事業主や一人親方は加入をおすすめします。

Q 現場で特別加入の日額を指定されました。日額は選べないのですか？

A 特別加入給付基礎日額（通称：特付日額）は自分で選ぶことができます。そのため、一般的には「特別加入をしていないと現場に入れない」という理由で、保険料が1番安い日額3,500円を選ぶ人が多いです（►図表5-5）。ただ最近では、一人親方の場合、日額を〇〇〇円以上と指定する現場もあるようです。あまりにも安い日額では、事故で休業せざるを得ない場合に本来の一人親方といえるのかという疑問がわくからです。国土交通省も一人親方に関しての検討会を実施し、適正な一人親方の真正性を議論しています。日額の指定は、これを踏まえてのことかもしれません。

Q 特別加入の日額はどうやって決めたらいいですか？

A 特付日額が、休業補償や遺族補償年金のベースになるので、自分にどれくらいの補償が必要かで決めていきましょう。1番安い日額3,500円を選んだ場合、休業補償はその80％になるため、休業した際の日額は3,500円×80％＝2,800円です。日額を上げれば当然保険料も上がるので、バランスをみながら検討してください。

■特別加入給付基礎日額と年間保険料（第一種、第二種）　［図表5-5］

特別加入給付基礎日額（円）	年間保険料（円）	
	第一種（中小事業主） （例）建設業（既設※） 保険料率：12/1000	第二種（一人親方） （例）建設業 保険料率：18/1000
25,000	109,500	164,250
24,000	105,120	157,680
22,000	96,360	144,540
20,000	87,600	131,400
18,000	78,840	118,260
16,000	70,080	105,120
14,000	61,320	91,980
12,000	52,560	78,840
10,000	43,800	65,700
9,000	39,420	59,130
8,000	35,040	52,560
7,000	30,660	45,990
6,000	26,280	39,420
5,000	21,900	32,850
4,000	17,520	26,280
3,500	15,324	22,986

厚生労働省「労災保険率表」「特別加入保険料率表」より作成
※第一種の既設建築設備工事業の数値で作成しています。

4 労災保険の給付

労災保険には、仕事中の怪我や疾病による業務災害と、通勤中の事故による通勤災害の２種類があります。

[図表 5-6]

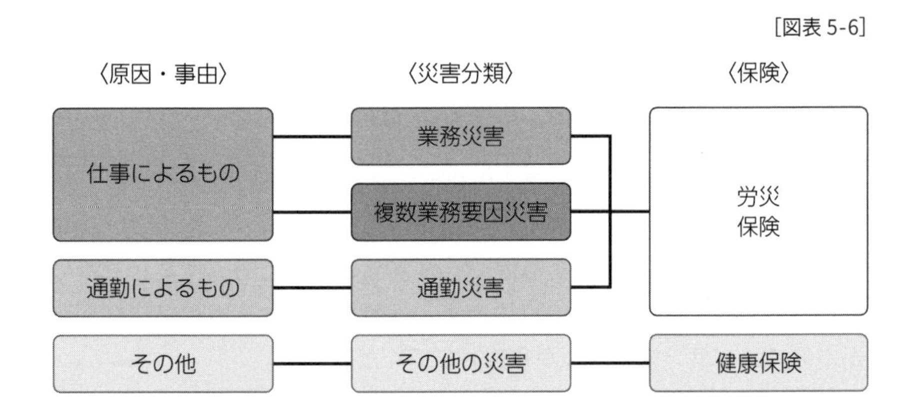

■業務災害とは

業務災害とは、業務を原因として被った負傷、疾病、傷害または死亡のことをいいます。業務災害の認定にあたっては「業務遂行性」と「業務起因性」の２つの要件があります。

① 業務遂行性が認められるケース

業務遂行性は、被災労働者が労働契約に基づいて事業主の支配下にある状態のときに認められます。労働者が事業場内で仕事に従事している場合はもちろん、休憩時間中で業務に従事していない場合でも事業場内で行動している場合は、事業主の支配下かつ管理下にあると認めらます。また、出張や外出作業中など、事業主の管理下を離れて業務に従事している場合であっても、事業主の支配下にあることに変わりはなく、業務遂行性は認められます。

② 業務起因性が認められるケース

業務起因性は、負傷や疾病が業務に起因して生じたものであるときに認められます。現場での落下等、明らかな場合はわかりやすいでしょう。ただ、建設現場で倒れたとしても、その原因が持病によるものであれば、業務起因性は認められないことになります。反対に、労働者が疾病を発症する前に長時間の残業をしていた場合や、日勤や夜勤の交替制といった不規則な勤務形態であった場合などは、業務との関連性がより認められやすいと考えられます。

■通勤災害とは

通勤災害とは、就業に関し、住居と就業の場所とを合理的な経路と方法で通勤した際に起きた怪我等のことをいいます。就業の場所は建設現場または事業所になります。建設現場へ行く途中の怪我であれば現場労災を使い、事務所への通勤中であれば事務所労災を使います。

[図表 5-7]

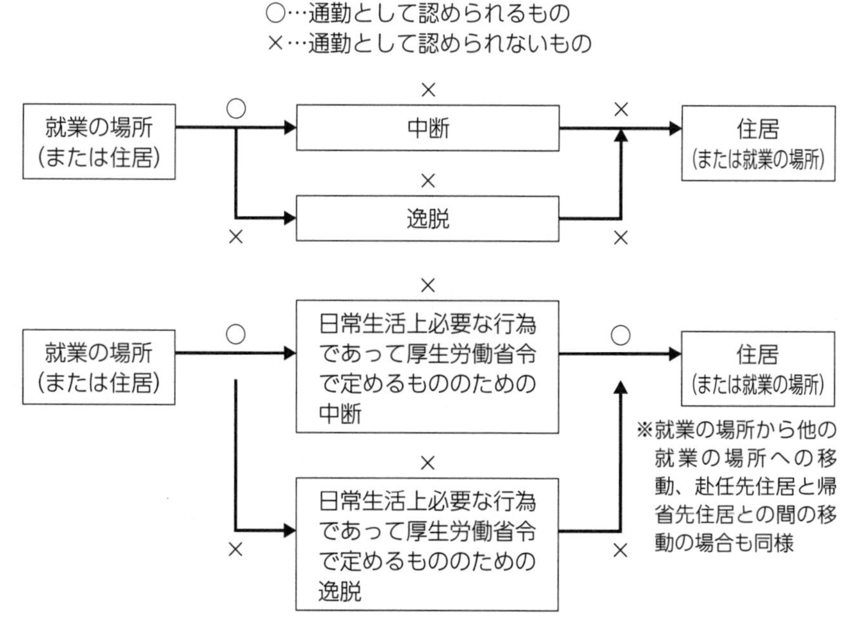

※中断……通勤の経路上で通勤と関係ない行為を行うこと
逸脱……通勤の途中で就業や通勤と関係ない目的で合理的な経路をそれること

第5章 適切な保険について

■下請業者の労災保険

下請事業者となる場合はほとんどが現場作業であり、元請の現場労災を使うため、事務所労災には加入していないケースが多くみられます。建設業において労災保険は、元請業者がその建設工事に従事するすべての労働者（下請負業者の労働者を含みます）の分を掛けています。そのため、現場への直行直帰のみで、置場で作業がなく、事務所へ戻ることもないのであれば、問題はありません。

しかし、人数が増えてくると事務所での作業があったり、日報の作成や研修、置場での片付け等、現場には行かなくても付随する業務が発生する可能性があります。この場合、事務所労災に加入する必要があります。現場労災は現場での事故の際に使われるものであって、個々の事業所内での事故には適用されないので、事務所労災への加入を忘れないようにしましょう。

■労災保険で受けられる主な給付一覧 [図表 5-8]

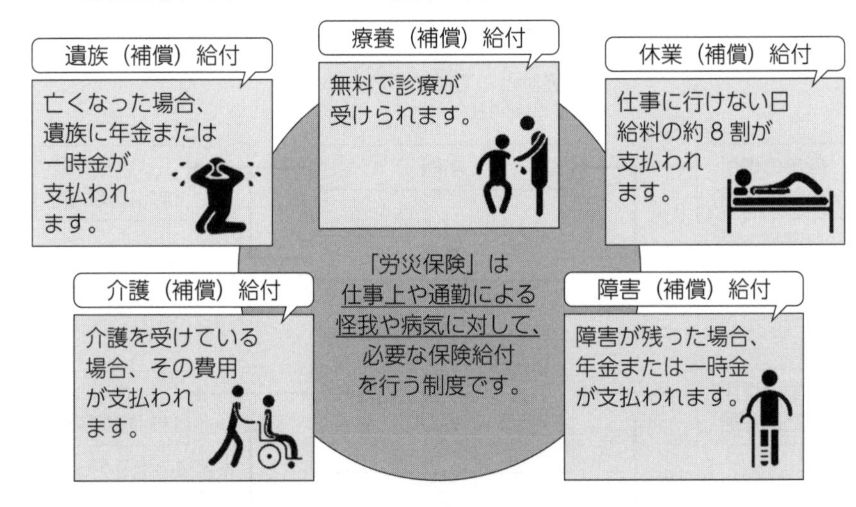

遺族（補償）給付
亡くなった場合、遺族に年金または一時金が支払われます。
療養（補償）給付
無料で診療が受けられます。
休業（補償）給付
仕事に行けない日給料の約 8 割が支払われます。
「労災保険」は仕事上や通勤による怪我や病気に対して、必要な保険給付を行う制度です。
介護（補償）給付
介護を受けている場合、その費用が支払われます。
障害（補償）給付
障害が残った場合、年金または一時金が支払われます。

■複数事業労働者への労災保険給付

1つの事業場で労災認定できない場合であっても、事業主が同一でない複数の事業場の業務上の負荷（労働時間やストレス等）を総合的に評価して労災認定できる場合は保険給付が受けられます。

■複数事業労働者に関する原則の具体例 ［図表5-9］

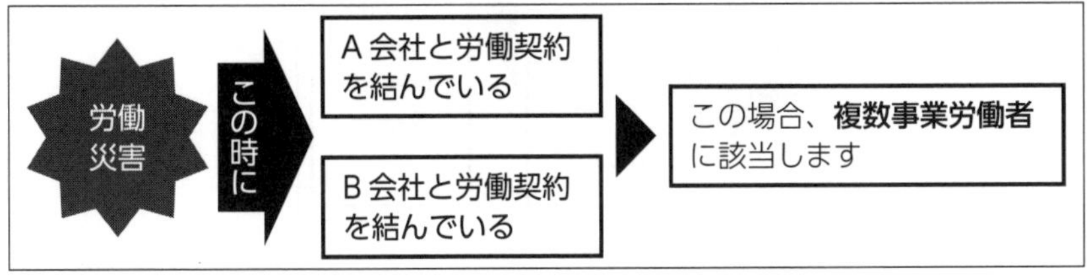

厚生労働省「複数事業労働者への労災保険給付　わかりやすい解説」より

図表5-9の他に、以下の人も「複数事業労働者」となります。

・1つの会社と労働契約関係にあり、他の就業について特別加入している人
・複数の就業について特別加入をしている人

また、被災した時点で複数の会社について労働契約関係にない場合であっても、その原因や要因となる事由が発生した時点で、複数の会社と労働契約関係であった場合には「複数事業労働者に類する者」として、対象となり得ます。

■賃金額の合算と負荷の総合的評価

複数事業労働者については、各就業先の事業場で支払われている賃金額を合算した額を基礎として給付基礎日額（保険給付の算定基礎となる日額）が決定されます。

■賃金額の合算の具体例　[図表 5-10]

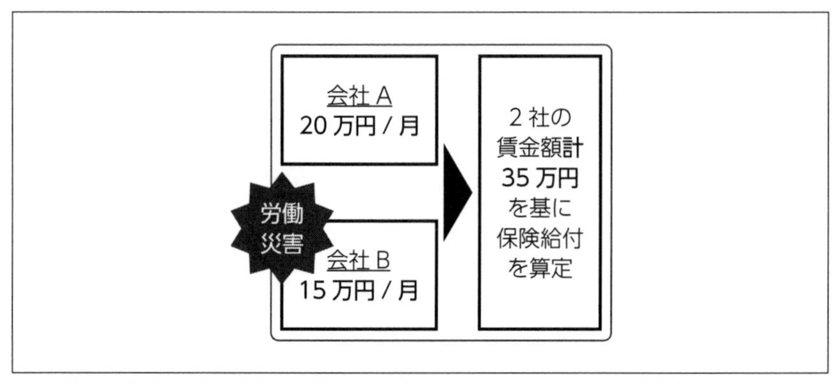

厚生労働省「複数事業労働者への労災保険給付　わかりやすい解説」より抜粋

Ⅲ　雇用保険

1 雇用保険の適用

雇用保険とは、労働者の生活および雇用の安定と就職の促進のために、失業した人や教育訓練を受ける人に対して給付を行う制度のことをいいます。雇用保険も労災保険と同様に労働者のための保険であるため、事業主は対象になりません。しかし、労災保険はすべての労働者が対象だったのに対して、雇用保険の加入には一定の基準があります。

■雇用保険の適用者

・事業主……加入できません
・労働者……31日以上引き続き雇用されることが見込まれる人
　　　　　　所定労働時間が週20時間以上の人
　　　　　　※現在、年齢要件はありません
・代表者、役員、同居親族、昼間の学生等……適用除外

■同居親族の加入

同居親族でも、他の従業員と同様の働き方をしている（時間管理を他の従業員と同じように記録をしている、賃金も就業規則の通り運用している等がわかる）場合は、雇用保険へ加入ができます。手続きの詳細は、管轄のハローワークへ問い合わせてください。

〈同居親族の雇用保険加入に必要な資料〉

・「同居の親族」雇用実態証明書
・労働者名簿
・賃金台帳
・出勤簿
・雇用契約書
・登記簿謄本（法人の場合）

ポイント

同居親族の加入

下請業者の場合、親子や兄弟等で現場に入場しているケースをよく見かけます。同居親族であれば原則、労災保険・雇用保険の対象にはならないため、労災保険の特別加入制度を利用することになります。しかし、同居親族であっても雇用保険に加入できるケースがあるので、しっかり確認をしましょう。

申請書類の注意点

特に注意が必要なものは、施工体制台帳における作業員名簿です。労災保険の特別加入をしていれば事業主になるため雇用保険には加入できず、反対に、雇用保険に加入していると労働者になるため労災保険の特別加入はできません。同居親族の場合は、労災保険の特別加入か雇用保険への加入かのいずれかになります。

[図表 5-11]

	労災保険特別加入	雇用保険
○○　○○		

いずれか一方に加入

2 雇用保険料

雇用保険料は事業主と従業員の両方から徴収します。保険料は毎年見直されており、令和５年度の保険料率は下記の通りです。

■令和５年度の雇用保険料率表　[図表 5-12]

負担者／事業の種類	①労働者負担（失業等給付・育児休業給付の保険料率のみ）	②事業主負担	失業等給付・育児休業給付の保険料率	雇用保険二事業の保険料率	①＋②雇用保険料率
一般の事業	6/1,000	9.5/1,000	6/1,000	3.5/1,000	15.5/1,000
（令和４年10月～）	5/1,000	8.5/1,000	5/1,000	3.5/1,000	13.5/1,000
農林水産・清酒製造の事業	7/1,000	10.5/1,000	7/1,000	3.5/1,000	17.5/1,000
（令和４年10月～）	6/1,000	9.5/1,000	6/1,000	3.5/1,000	15.5/1,000
建設の事業	7/1,000	11.5/1,000	7/1,000	4.5/1,000	18.5/1,000
（令和４年10月～）	6/1,000	10.5/1,000	6/1,000	4.5/1,000	16.5/1,000

（枠内の下段は令和４年10月～令和５年３月の雇用保険料率）

厚生労働省「令和５年度雇用保険料率のご案内」より

雇用保険料は厚生労働省助成金の財源として利用されます。建設業は一般の業種より高い料率となっていますが、人材確保等支援助成金や人材開発支援助成金など建設業独自の助成金もあるので、活用しましょう（► P.238～239）。

3 雇用保険の給付

雇用保険の給付の目的は、労働者の生活および雇用の安定を図ることです。離職した際にもらう「失業保険」のほか、在職中であってももらえる給付もあります。図表5-13における保険は、「失業」や「高齢化」等のリスクに備えてくれる制度です。

[図表 5-13]

給付金	主な内容
失業保険	会社を辞めてしまい、次の仕事が見つかるまでの給付
育児休業給付	育児のために仕事をすることができず、給与が支払われない場合の給付
介護休業給付	要介護状態の人を介護するため、仕事をすることができず、給与が支払われない場合の給付
高年齢雇用継続給付	60 歳以上の人が給与が急激に減ってしまった場合の給付

コラム

雇用保険における日雇労働者

■日雇労働者とは

雇用保険法における日雇労働者とは、日々転々と異なる事業主に雇用され、極めて不安定な就労状態にある労働者で、次のいずれかに該当する人をいいます。

① 日々雇用される人
② 30 日以内の期間を定めて雇用される人

■一般被保険者または短期雇用被保険者になる要件

次の要件に該当した場合、一般被保険者または短期雇用特例被保険者として取り扱われます。雇用保険被保険者資格取得届に雇用保険日雇労働被保険者手帳を添えて管轄のハローワークに届出をしてください。

① 2月の各月において18日以上同一の事業主の適用事業に雇用された人（その翌月の最初の日に届出）
② 同一の事業主の適用事業に継続して31日以上雇用された人（同一の事業主の下での雇用が31日以上継続するに至った日に届出）

■日雇労働被保険者になる要件

日雇労働被保険者となるのは、日雇労働者のうち、次のいずれかに該当する人です。

① 適用区域内に居住し、適用事業に雇用される人
② 適用区域外の地域に居住し、適用区域内にある適用事業に雇用される人
③ 上記以外の人であってハローワーク（公共職業安定所長）の認可を受けた人

日雇労働被保険者となった日雇労働者には、日雇労働被保険者手帳が交付されます。なお、③の日雇労働者については、認可のあった日に、日雇労働被保険者手帳が交付されます。

Ⅳ　医療保険

1 医療保険の仕組み

日本の公的医療保険は「皆保険制度」といい、国民は何らかの医療保険に加入しなくてはならないことになっています。そして公的医療保険にもいくつかの種類があります。大きく分けると、会社員やその家族が入る健康保険といわれるグループと、自営業やその家族が入る国民健康保険といわれるグループの2つです。さらに75歳以上の人は、後期高齢者医療保険制度に入ることになります。これらの保険制度は自分で好きな保険制度を選ぶわけではなく、優先順位が決まっています。

[図表 5-14]

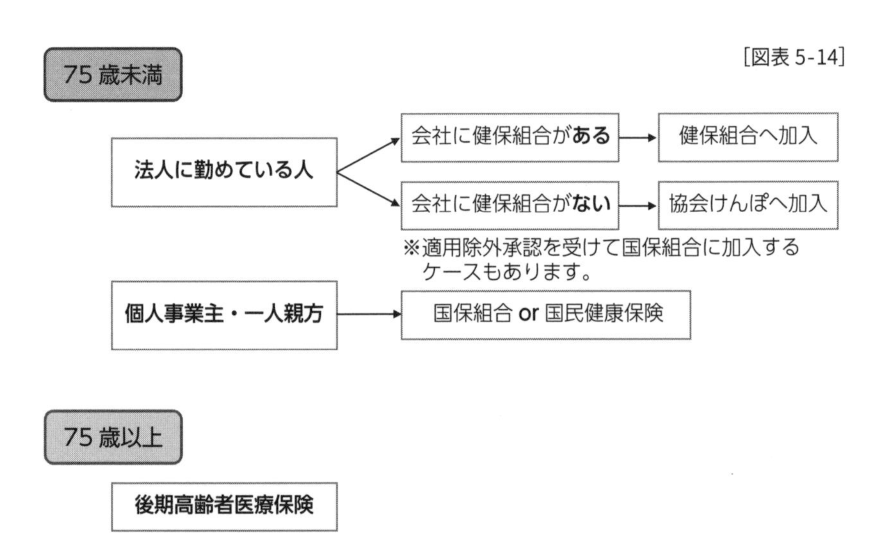

会社員であれば健康保険制度に加入します。健康保険制度にも健康保険組合（以下、「健保組合」といいます）が管掌する健康保険と、政府

が管掌する全国健康保険協会（以下、「協会けんぽ」といいます）の2種類があります。会社が加入する制度に本人も加入することになります。

健康保険以外の人は、国民健康保険のグループとなります。国民健康保険も、同じ職種で組織される国民健康保険組合（以下、「国保組合」といいます）と、市区町村が管掌する国民健康保険に分かれます。

2 社会保険（医療保険＋年金保険）の適用事業所

雇用保険は、事業所内に該当する人が1名でもいれば、個人事業であっても法人であっても、雇用保険の適用事業所となります。一方、社会保険（医療保険＋年金保険）は、まずその事業所が社会保険の適用事業所かどうかを決定し、その適用事業所で働く人のうち誰が該当するか（誰が被保険者になるか）を決定していきます。

■社会保険（医療保険＋厚生年金保険）の適用事業所

事業所においては、医療保険と厚生年金保険の2つを合わせて、社会保険の適用事業所かを確認します。

［図表 5-15］

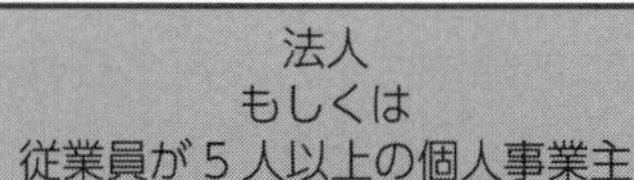

社会保険の適用事業所

一人親方
もしくは
従業員が５人未満の個人事業主

社会保険の適用事業所ではない
国民健康保険 or 国保組合＋国民年金

法人であれば、たとえ社長1人であっても加入義務があります。難しいのは個人事業主の場合です。従業員が5人いる場合は強制適用となります。ただし、5人の従業員が社会保険へ加入したとしても、事業主自身は社会保険（協会けんぽ+厚生年金）に加入できないため、国民健康保険と国民年金へ加入することになります。

ポイント

任意適用事業所

社会保険の加入が法律で義務付けられていない事業所であっても、従業員の半数以上が適用事業所となることに同意し、事業主が申請して厚生労働大臣の認可を受けた場合は、適用事業所になることができます。なお、認可を受けた場合は、従業員全員が加入することになり、保険給付や保険料は、適用事業所と同じ扱いになります。

3 社会保険（協会けんぽ＋厚生年金保険）

健康保険には、健保組合と協会けんぽがありますが、健保組合は組合独自の給付があるため、4～7は政府が管掌している協会けんぽで説明をします。社会保険の適用事業所では、厚生年金が適用されます。

4 社会保険（医療保険＋年金保険）の被保険者

適用事業所で常時雇用される人は、国籍や年齢等にかかわらず被保険者になる可能性があります。被保険者の要件は以下の通りです。

■要件

① 時間要件

1週の所定労働時間および1月の所定労働日数が常時雇用者の4分の3以上

例）1日8時間、1週40時間、1月の所定労働日数が21日の場合

40時間× 3/4=30時間以上　21日× 3/4=15.75日以上

② 年齢要件

・健康保険……75 歳まで

・厚生年金保険……70 歳まで

■被保険者とされない人の例外　[図表 5-16]

被保険者とされない人	被保険者となる場合
日々雇い入れられる人	1 か月を超えて引き続き使用されるようになった場合は、その日から被保険者となる。
2 か月以内の期間を定めて使用される人	当初の雇用期間が 2 か月以内であっても、当該期間を超えて雇用されることが見込まれる場合は、契約当初から被保険者となる。
所在地が一定しない事業所に使用される人	**いかなる場合も被保険者とならない。**
季節的業務（4 か月以内）に使用される人	継続して 4 か月を超える予定で使用される場合は、当初から被保険者となる。
臨時的事業の事業所（6 か月以内）に使用される人	継続して 6 か月を超える予定で使用される場合は、当初から被保険者となる。

日本年金機構より

ポイント

国民年金は 20 歳～60 歳までとなり、厚生年金は被保険者に該当した年齢～70 歳までになります。そのため、作業員名簿等で 18 歳の作業員がいた場合、社会保険の適用事業所で働いていれば厚生年金の被保険者となり、社会保険の適用事業所でない事業所あれば国民年金の適用となりますが、20 歳未満なので「適用除外」ということになります。

5 被扶養者

社会保険には扶養という考え方があります。被扶養者は、保険料の支払いはありませんが、被保険者と同じ給付（出産手当金、傷病手当金を除きます）を受けることができます。

■要件

・日本国内に住所（住民票）を有していること
・被保険者により主として生計を維持されていること
・次の①・②いずれにも該当すること

①　主な収入要件　　[図表 5-17]

年間収入 130 万円未満 60 歳以上または障害者の場合は、年間収入 180 万円未満	＋	〈同居の場合〉 収入が扶養者の収入の半分未満
		〈別居の場合〉 収入が扶養者からの仕送り額未満

②　同一世帯の条件　　[図表 5-18]

同居要件が不要	・配偶者 ・子、孫および兄弟姉妹 ・父母、祖父母などの直系尊属
同居要件が必要	・上記以外の 3 親等内の親族（伯叔父母、甥姪とその配偶者など） ・内縁関係の配偶者の父母および子（当該配偶者の死後、引き続き同居する場合を含む）

6 社会保険料

社会保険の保険料は、事業主と従業員で折半となります。健康保険は都道府県ごとに違いがありますが、厚生年金は全国一律です。

健康保険料には2種類あり、この違いは介護保険料の有無によって生じます。40歳以上65歳未満の人は、介護保険の第2号被保険者となり、健康保険料が高くなっています。

保険料は給与額で決定し、被扶養者が何人いても変わりません。雇用保険料は給与額に雇用保険料率をかけて算出をしましたが、社会保険は給与額によって保険料が決定します。また、日割り計算はしないので、月単位で保険料を支払うことになります。

例）東京都／年齢 38 歳／給与額 300,000 円の人　　[図表 5-19]

	本人負担分	事業主負担分
健康保険料	15,000 円	15,000 円
厚生年金保険料	27,450 円	27,450 円
合計	42,450 円	42,450 円

全国健康保険協会「令和 5 年度保険料額表（令和 5 年 3 月分から）」より

コラム

社会保険の適用拡大

令和 2 年 5 月 29 日「年金制度の機能強化のための国民年金法等の一部を改正する法律」が成立し、6 月 5 日に交付されました。この法律は、より多くの人がこれまでよりも長い期間にわたり多様な形で働くことが見込まれるなかで、今後の社会・経済の変化を年金制度に反映し、長期化する高齢期の経済基盤の充実を図るためのものです。

[図表 5-20]

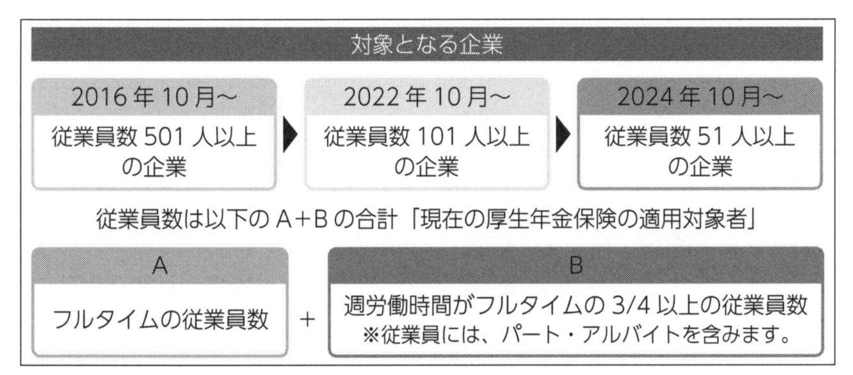

厚生労働省リーフレット「従業員数 100 人以下の事業主のみなさまへ」より

7 健康保険(協会けんぽ)の保険給付

■保険給付の種類と内容　[図表 5-21]

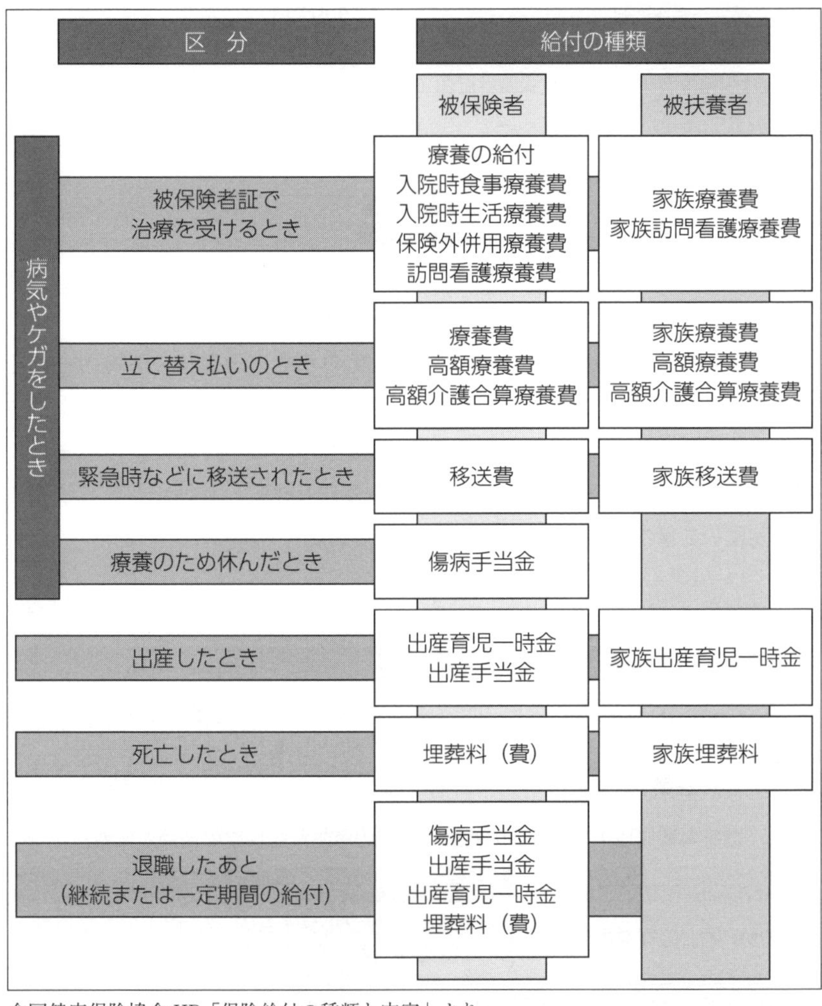

全国健康保険協会 HP「保険給付の種類と内容」より

■傷病手当金

協会けんぽの給付の特徴として所得補償があります。これは国民健康保険にはありません。協会けんぽの保険料は給与額に応じて保険料が上がるため、保険料の高い人ほど給付額も大きくなります。国保組合には組合独自のものがありますが、給与額と保険料は連動していないので、給付の額は一律になります。

・傷病手当金1日あたりの金額
　＝支給開始日以前12か月間の各標準報酬月額を平均した額
　　÷30日×(2/3)

支給開始から最大1年6か月支給されるので、病気療養にしっかり専念できます。

■出産手当金

もう1つの所得補償として出産手当金があります。これは被保険者が出産のため会社を休み、報酬を受けることができないときに支給されます。出産手当金は出産の日以前42日目から出産日の翌日以後56日目までが対象になります。日額は傷病手当金と同じ計算方法になります。

8 国保組合

国保組合とは、同種の事業・業務の従事者で組織される組合です。建設業においても、いくつもの建設関連の国保組合があり、全国の建設業で働く人たちで構成されています。給付の内容については個別の組合により差があるので、国保組合と協会けんぽの違いについて解説をします。

[図表5-22]

		運営母体	扶養	保険料
国民健康保険	市区町村の国民健康保険	市区町村	考えなし	前年の所得により決定
	国保組合	同業同種の自営業者等で組織	考えなし	年齢等の区分によって決定
健康保険	協会けんぽ	政府	あり	給与額によって決定
	健保組合	グループ会社、同業種等で組織	あり	給与額によって決定

ポイント

国保組合の特徴

健康保険には扶養という考え方があります。一定の要件を満たすことで、被保険者の扶養となります。扶養になると、被保険者の保険料はそのままで、原則として被保険者と同じ給付を受けることができます（所得補償に関する給付は除きます）。国民健康保険、国保組合には扶養という考えはありません。

保険料の決定方法と事業者負担

健康保険（協会けんぽ）の保険料は、給与の金額によって決められており、給与額が高くなればなるほど保険料が上がる仕組みです。国保組合は、組合ごとに差はあるものの年齢や立場によって保険料の区分があります。そのため、報酬が高い人でもそれほど高い保険料にならないメリットがあります。ただし、扶養という考え方がないので、家族が多い人ほど保険料は高くなります。市区町村で運営される国民健康保険においては、前年の収入と各世帯の人数によって保険料が決定します。

事業主にとって重要なのは保険料の負担です。健康保険では、保険料半分を事業主が負担するので、会社の負担が大きいです。対して国保組合や国民健康保険は、事業主負担はありません。

保険給付

健康保険（協会けんぽ）では、業務外の病気等で仕事ができない場合や、産前産後休業等で給与が支払われない場合、傷病手当金、出産手当金といった所得補償の給付があります。国保組合では組合によって給付はありますが、保険料が一定であることから給付額も一定であり、健康保険（協会けんぽ）ほど手厚い給付ではありません。また、市区町村で運営する国民健康保険においては所得補償がありません。

■保険料について（中央建設国民健康保険組合の場合）

〈パターン 1〉

・東京都在住／年齢／35 歳／個人事業所で働いている従業員
・家族は妻、7 歳の子、1 歳の子の 4 人家族
・保険料は月額 31,700 円（令和 5 年度シミュレーション）

〈パターン 2〉

・東京都在住／年齢／35 歳／個人事業所で働いている従業員
・家族なし
・保険料は月額 21,300 円（令和 5 年度シミュレーション）

■保険給付について

償還金といって、70 歳未満の組合員を対象に、医療費の自己負担額が 1 つの病院・診療所等で 1 か月（暦の上で月の 1 日から末日まで）17,500 円を超えたときは、超えた額を償還金として支給する制度等、国保組合独自の給付もあります。

■その他

建設業において国保組合に加入するには、いずれかの建設労働組合の組合員である必要があります。組合によって組合費やサービスの内容も変わるので、問い合わせるなどして確認しましょう。

V　年金制度

1 年金の種類と対象者

建設業にかかわる公的年金には国民年金と厚生年金の2種類があります。社会保険の適用事業所の被保険者で75歳未満の人であれば厚生年金保険に加入をし、社会保険の適用事業所でなければ国民年金の加入になります。厚生年金は適用事業所に加入した時からになるため、18歳で社会保険の適用事業所に入社すれば18歳から加入になりますが、国民年金は20歳以上60歳未満と年齢要件が異なるので、注意が必要です。

[図表 5-23]

種類	対象になる人	保険料	保険料の支払方法
国民年金第1号被保険者	第2号、第3号被保険者以外の20歳以上60歳未満の人	月16,520円（本人支払）（令和5年度）	日本年金機構から送られてくる納付書で支払い
国民年金第2号被保険者	厚生年金保険が適用されている会社に勤める会社員と公務員	給料200,000円の場合（目安）36,600円 ※（本人支払18,300円 会社支払18,300円）	勤めている会社が給料やボーナスから天引き
国民年金第3号被保険者	第2号被保険者に養われている20歳以上60歳未満の配偶者	なし（配偶者が加入する制度が負担）	

2 年金の給付

国民年金であっても厚生年金であっても、給付される年金は3種類です。

[図表5-24]

	国民年金	厚生年金
老齢年金	・40年間満額で780,900円	・基礎年金+報酬比例 報酬比例は厚生年金に加入していた期間、報酬に比例 ・65歳になったとき、生計を維持されている配偶者や子がいる場合、加算あり。
障害年金	・1級　972,250円×1.25+子の加算 ・2級　777,800+子の加算	・1級　報酬比例の年金額×1.25+加算 ・2級　報酬比例の年金額+加算 ・3級　報酬比例の年金額 ※最低保障額　583,400円 ・障害手当金 被保険者期間が300月未満の場合は300月とみなす
遺族年金	・777,800円+子の加算 ・子または子のある妻のみ	・報酬比例の年金額×3/4+加算 ・配偶者、子 → 父母 → 孫 → 祖父母（順位） 被保険者期間が300月未満の場合は300月とみなす

■老齢基礎年金の受給資格

老齢基礎年金は、保険料納付済期間と保険料免除期間等を合算した受給資格期間が10年以上ある場合に65歳から受け取ることができます。社会保険未加入問題の際、建設作業員の中には公的年金に加入していない人も多く、「いまさら入っても年金なんてもらえないから」という理由で保険加入を断わる人もいました。ただ、この10年というのは、国民年金だけでなく厚生年金の加入期間も含まれます。ご本人が覚えていないだけで、実は以前加入していた期間があったというケースもあります。また、60歳時点で10年を満たしていない場合でも、国民年金の任意加入制度があり、年金の支払いをすることができます。受給資格を満たしていないと思われる人は、年金事務所へ相談してみてください。

Ⅵ　適切な保険

1 適切な保険とは

社会保険未加入の問題の際、一般的には社会保険とは健康保険と厚生年金に加入することだという思い込みから混乱を招きました。社会保険への加入とは、必ずしも健康保険と厚生年金へ入りなさいという意味ではなく、その会社にあった「適切な保険」への加入を求めるものです。

なぜ理解が難しかったかというと、二次会社以降になると、法人化されていない個人事業主や一人親方が多いこと、また建設国保といった国保組合が多数あること、雇用なのか請負なのかの判断が明確ではなかったことといった理由が挙げられます。

また保険を専門の業務としている社会保険労務士である著者自身も建設国保をあまり取り扱ったことがなく、適用除外申請等への理解が追い付いていませんでした。そのため「適切な保険」を理解することに時間がかかったように思います。

2 健康保険被保険者適用除外

建設国保にすでに加入している一人親方が新たに法人を立ち上げた、または常時５人以上の従業員がいる事業所を設立した、従業員が４人から５人以上になった等、社会保険の適用事業所になった場合、本来は健康保険と厚生年金に加入しなくてはならないのですが、健康保険被保険者適用除外の承認を受けることで、健康保険については引き続き建設国保に加入できる制度があります。すでに建設国保に加入し、健康保険被保険者適用除外の承認を受けている事業所において、従業員を新たに採用した場合も、同様の手続きが必要となります。

■「社会保険の加入に関する下請指導ガイドライン」における「適切な保険」について

[図表 5-25]

所属する事業所		就労形態	雇用保険	医療保険（いずれか加入）	年金保険		「下請指導ガイドライン」における「適切な保険」の範囲
事業所の形態	常用労働者の数						
法人	1人～	常用労働者	雇用保険※2	・協会けんぽ ・健康保険組合 ・適用除外承認を受けた国民健康保険組合（建設国保等）※1	厚生年金	➡	3保険
法人	―	役員等	―	・協会けんぽ ・健康保険組合 ・適用除外承認を受けた国民健康保険組合（建設国保等）※1	厚生年金	➡	医療保険及び年金保険
個人事業主	5人～	常用労働者	雇用保険※2	・協会けんぽ ・健康保険組合 ・適用除外承認を受けた国民健康保険組合（建設国保等）※1	厚生年金	➡	3保険
個人事業主	1人～4人	常労働者用	雇用保険※2	・国民健康保険 ・国民健康保険組合（建設国保等）	国民年金	➡	雇用保険 （医療保険と年金保険については個人で加入）
個人事業主	―	事業主、一人親方	―	・国民健康保険 ・国民健康保険組合（建設国保等）	国民年金	➡	（医療保険と年金保険については個人で加入）※3

※1　年金事務所において健康保険の適用除外の承認を受けることにより、国民健康保険組合に加入する。（この場合は、協会けんぽに加入し直す必要は無い。）
適用除外承認による国民健康保険組合への加入手続については日本年金機構のホームページを参照。
(http://www.nenkin.go.jp/service/seidozenpan/yakuwari/20150518.files/0703.pdf)

※2　週所定労働時間が20時間以上等の要件に該当する場合は常用であるか否かを問わない。

※3　但し、一人親方は請負としての働き方をしている場合に限る（詳しくは、一人親方「社会保険加入にあたっての判断事例集」参照）

■：事業主に従業員を加入させる義務があるもの　□：個人の責任において加入するもの

国土交通省「社会保険の加入に関する下請指導ガイドライン」より

■申請手続き

事実があった14日以内に「健康保険被保険者適用除外承認申請書」を年金事務所へ届け出ます。そして5日以内に「厚生年金・健康保険被保険者資格取得届」を年金事務所へ届け出ることが必要となります。

適用除外申請は健康保険のみなので、年金は厚生年金へ加入することになります。

■建設国保脱退後の再加入は不可

健康保険被保険者適用除外は個人ごとに行います。そのため適用事業所に新入社員が入った場合は、原則協会けんぽに加入することになります。すると、同じ会社に、協会けんぽに加入をしている人と建設国保に加入している人が混在する可能性があるのです。

なお、建設国保を脱退し、協会けんぽへ加入すると、建設国保に戻ることはできないので、それぞれの保険のメリットとデメリットを理解した上での保険選択が重要です。

■国保組合加入者の配偶者

国保組合には、扶養という考えがないので、健康保険上の扶養にはなりません。しかしながら、適用除外の認定を受けた国保組合の被保険者である人が、20歳以上60歳未満の配偶者を扶養している場合は、年金の第3号被保険者となるため、別途届出が必要になります。

第６章

建設業の労務管理

I　建設業の特色

1 出面表の管理

現場作業員について、「出面表」と呼ばれる出勤した日に「○」をつけるだけの管理をしている会社が未だに多くあります。これは日給制であるがゆえに、「出勤日さえ確認ができればいい」と考えられているからです。そのため、時間の感覚が薄く、仕事は「終わりじまい」といわれる、その日の業務が終われば終了する反面、夏場の熱中症の危険があるような時期には多く休憩を取り、長時間業務ができるようになったら多く働くという状況になっているのが実態です。賃金は1日単位で支払っているため、残業をしている感覚はありません。

しかしながら、最近では日給者による法定労働時間を超えた分の割増賃金請求といったトラブルも増えてきており、建設業であっても時間管理、労務管理の必要性が取りざたされるようになってきています。

また、技能実習生等の外国人労働者の場合は、監理団体等が間に入っており、労働時間に関して労働基準法通りの運用が求められています。つまり、技能実習生には時間外労働や割増賃金が支払われているにもかかわらず、日給制の日本人作業員には割増賃金が支払われない矛盾が生じているということです。さらに、特定技能労働者が現場に入るようになりました。特定技能労働者には、日本人同等の賃金を月給制で支払うことが要件になっているため、場合によっては割増賃金を支払われない日本人の給与と逆転現象を起こすようなことになりかねません。

加えて、外国人労働者は日本人と感覚が違い、給与を見せ合う文化です。日本人の経営者は「あいつよく頑張っているな」という感覚で給与に手当をつけたりしますが、外国人労働者はこのような理由の手当を理解できません。「社長、僕と○○くんは違う手当がついてます」とオープンに話をしてしまい、トラブルになる可能性があります。

ただ、外国人労働者が入ることは、会社が今まであいまいにしてきたルールを見える化するチャンスでもあります。この機会を利用し、会社を変えていきましょう。

2 天候に左右される仕事

建設業の場合は屋外作業もあるため、工程によっては天気に左右されます。そのため、想定されていた労働日数よりも少なくなるケースもあります。しかし下請業者については、そもそも所定労働日を設定していないケースが多くみられます。要は、現場がやっていれば稼働をし、雨や現場が休みの日は休日になるといった状況です。この屋外労働者の休日に関しては、基発が出されており、しっかりと所定労働日が決まっていれば雨の日を振替休日とする対応が可能になります。天候に左右される業種であっても所定労働日を決めることが重要です。

「昭 23.4.26 基発 651 号」「昭 33.2.13 基発 90 号」より抜粋

屋外労働者の休日について
問：一般に屋外労働者に対しては休日を規定することは非常に困難を伴うが、雨天の日を休日と規定する如きは差支えないか。
答：屋外労働者についても休日はなるべく一定日に与え、雨天の場合には休日をその日に変更する旨を規定するよう指導されたい。

3 災害時の対応

災害時の緊急対応も建設業の仕事です。そのため、災害等による臨時の必要がある場合の時間外労働については例外規定があります。労働基準法 33 条 1 項は、災害その他避けることのできない事由によって、臨時の必要がある場合には、使用者は、法定の労働時間を超えて、または法定の休日に労働させることができる旨、およびその場合には労働基準監督署長の許可が必要だが、事態急迫のために許可を受ける暇がない場合においては、事後に遅滞なく届け出なければならない旨を定めています。

労働基準監督署長に許可申請または届出を行う際は、様式第６号（►図表6-1）を用います。

■様式第６号

[図表6-1]

非常災害等の理由による 労働時間延長 許可申請書 / 休日労働 届

様式第６号（第13条第２項関係）

事業の種類	事業の名称	事業の所在地

時間延長を必要とする事由	時間延長を行う期間及び延長時間	労働者数
休日労働を必要とする事由	休日労働を行う年月日	労働者数

年　　月　　日

使用者 職名 / 氏名

労働基準監督署長　殿

備考　「許可申請書」と「届」のいずれか不要の文字を削ること。

厚生労働省より

4 除雪作業の取扱い

雪が降る地方では除雪作業が大きな問題となっています。そこで、労働基準法33条1項の時間外労働の運用許可基準が改正され、臨時の除雪作業が認められる「雪害」の解釈を明確化しました。

労働基準法第33条に関するＱ＆Ａより抜粋

「雪害」については、道路交通の確保等人命または公益を保護するために除雪作業を行う臨時の必要がある場合が該当します。
具体的には、例えば、以下のような場合が含まれます。
（１）　安全で円滑な道路交通の確保ができないことにより通常の社会生活の停滞を招くおそれがあり、国や地方公共団体等からの要請やあらかじめ定められた条件を満たした場合に除雪を行うこととした契約等に基づき除雪作業を行う場合

（2） 人命への危険がある場合に住宅等の除雪を行う場合
（3） 降雪により交通等の社会生活への重大な影響が予測される状況において、予防的に対応する場合

自然災害に伴う復旧・復興では多くの規定が除外されますが、「雪害」と判断されない状況での除雪には、時間外労働に関する「年間720時間以内／月45時間超は6か月が限度」という上限が適用されます。これに対して、積雪寒冷地の地域建設業を中心に、災害対応と同様の例外規定扱いを求める声が上がっています。慢性的なオペレーター不足で交代要員が確保されず、小雪のシーズンであっても時間外労働規制に抵触するとみられるケースが少なくないからです。上限規制が適用されれば、事実上、除雪作業を断念せざるを得ない地域が続出し、冬季の孤立集落が増え、過疎化が進むと考えられます。

5 現場技術者と技能労働者の働き方の違い

現場技術者の場合、日中は現場を巡回しながら品質、安全、工程に関することをみていますが、夕方に現場から戻った後の時間外労働がまだまだ多い状況です（►図表6-2）。残業理由としては、設計変更協議、検査書類の作成、定型的な発注者への書類等の提出といった事務作業が多いことがあります。

技能労働者は現場での作業となるため、一定時間で終了することができます（►図表6-3）。ただし、現場に行く前に各事業所で積込み作業をしたり、事務所に戻ってから日報作成等をすれば、その時間も労働時間になるので、注意が必要です。

■現場技術者の働き方（1日のスケジュール例）　[図表6-2]

作業時間帯	作業内容
7：00－07：30	現場事務所に出勤、当日の作業日程・工事業者などの確認
8：00－	全員集合、準備体操、朝礼（作業員全員の作業日程・工程などの確認）
8：30	作業開始
8：30－12：00	工事現場の巡回・点検・確認、作業員への指示・命令、工事写真撮影
12：00	作業終了
12：00－13：00	昼休み、作業員とのコミュニケーション
13：00	作業開始
13：00－15：00	現場所長や他の現場監督との打合せ（作業工程などの確認）
15：00－17：30	工事現場の巡回・点検・確認、作業員への指示・命令、工事写真撮影、整理整頓・清掃
17：30	作業終了
18：00－	現場事務所にて、作業報告書作成・工事写真整理・作業工程表作成、翌日の建材搬入・搬出、下請業者・作業員などの出入りの確認
19：00－20：00	帰宅

■技能労働者の働き方（1日のスケジュール例）　[図表6-3]

作業時間帯	作業内容
7：00－	会社へ集合し、車で現地へ出発
8：00－　8：10	朝礼
8：10－10：00	作業
10：00－10：15	休憩
10：15－12：00	作業
12：00－13：00	昼休憩
13：00－15：00	作業
15：00－15：15	休憩
15：15－17：00	作業
17：00	現地出発

Ⅱ 外国人労働者

※令和5年11月時点の情報に基づいています。

1 外国人の雇用

建設業での外国人雇用には、在留資格「技術」「資格外活動」「技能実習」「特定技能」のいずれかが必要です。「技術」は、大学や大学院等で建築学等を学び、高度な技術や知識を有する人が対象とされ、単純労働はできません。「資格外活動」は、就労系以外の在留資格の人に、週28時間の制限つきでアルバイト等を認めるものです。ここでは、現在主流の「技能実習」と、今後増えていく「特定技能」についてみていきます。

■特定技能と技能実習の違い [図表6-4]

	技能実習	特定技能
目的	日本で習得した技術を母国に持ち帰って広めてもらうという国際貢献のための制度	日本の人手不足を補うための制度
職種	88職種	特定技能1号が12分野 特定技能2号が11分野
在留期間	1号が1年以内 2号が2年以内 3号が2年以内（合計最長5年）	特定技能1号が通算5年 特定技能2号が上限なし
作業内容	単純労働ができない	単純労働を含む業務ができる
技能水準	特定の技能を習得する必要なし	1号・2号ともに、就労する分野の知識が一定以上あることが必要
試験	特になし （介護職種のみ日本語能力検定N4レベル）	特定技能評価試験・日本語能力試験の合格
働き方	仕事を変えることは原則できない	同じ職種であれば転職可能
家族の帯同	なし	特定技能2号のみ、要件を満たせば家族（配偶者、子）の帯同可
受入れ人数	企業規模ごとに職員数などに応じて人数枠あり	常勤職員の数を超えなければ、基本的に制限なし（業種によっては枠設定あり）
関係団体	監理団体や技能実習機構、送出機関など	基本的には、企業と特定技能外国人の間で完結

なお、外国人労働者のあり方を議論する政府の有識者会議は、技能実習制度を新制度「育成就労（仮称）」に改める方向です。骨格は変え

ず、やむを得ない場合のみだった実習先の転籍を一定要件で可能とします。

2 技能実習の仕組み

外国人技能実習生制度とは、発展途上国の若年労働者を日本の企業で受け入れ、3年間（講習：1か月＋技能実習1号：11か月＋2号：24か月の合計3年間／条件により＋2年間）企業の生産現場での実習を通して、日本の産業技術・技能を習得させる公的な制度です。

■受入れ時の関係図 [図表6-5]

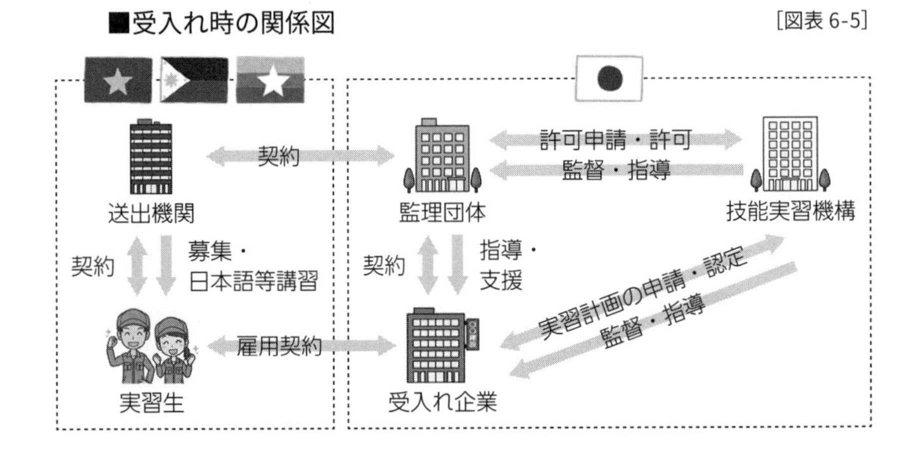

■受入れのルール

入国管理法等が定める以下の条件を満たす必要があります。

〈人の要件〉

・18歳以上（高卒以上の学歴者）

・母国で受入れ職種の経験がある人

・日本で習得した技術を母国で活かせる人（復職が可能な人）

〈受入れ対象国〉

ベトナム、フィリピン、インドネシア、カンボジア、ミャンマー、モンゴル、バングラデシュ、中国などの東南アジア諸国

3 特定技能の仕組み

「特定技能」とは、人手不足とされる12分野において、外国人の就労を可能とする在留資格のことです。1号と2号があります。

■特定技能1号

対象は12分野で、在留期間の上限が5年となっており、別の在留資格への変更時には帰国が必要です。

〈対象業種〉

①建設　②介護　③ビルクリーニング　④素形材・産業機械・電気電子情報関連製造業　⑤造船・船舶　⑥自動車整備　⑦航空　⑧宿泊　⑨農業　⑩漁業　⑪飲食料品製造業　⑫外食業

■特定技能2号

対象は11分野で、在留期間に制限はありません。対象業種は、1号の対象12業種の「介護」以外です。

■技能実習から特定技能への移行の流れ　[図表6-6]

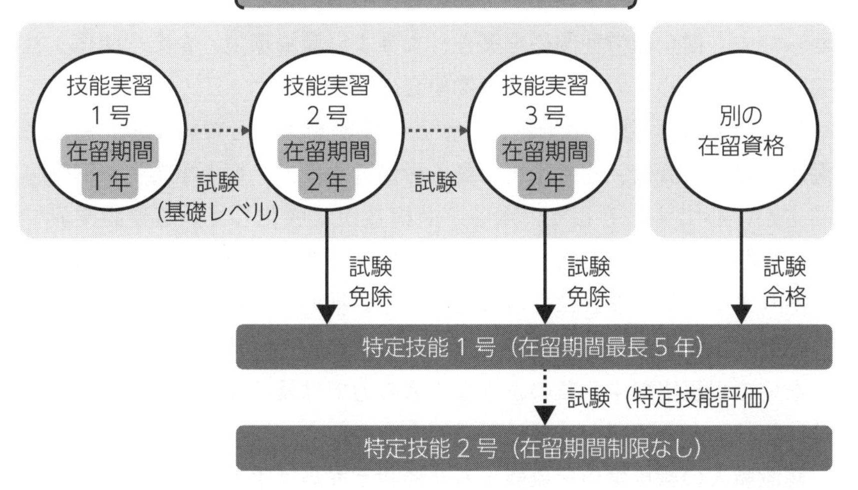

第6章 建設業の労務管理

Ⅲ　建設労働組合

1　建設労働組合の役割

建設業の場合、自分の勤めている会社ではなく、現場が就業場所となり、トップに立つ現場所長の指示のもと、職種ごとに作業を行っていきます。直接の雇用関係のない人や一人親方など、1つの現場に様々な人が関わることになります。

そのような状況において、労働者が最大限のパフォーマンスを発揮し、安心して働くためには、職場環境の改善や賃金についての交渉が必要です。しかし、働く条件、賃金、雇用などの問題を改善したいと思った労働者が、バラバラに会社等（使用者）に要求・交渉しても解決は難しいでしょう。このとき、労働組合であれば、使用者側と対等な立場で交渉することができます。なぜなら、労働三権（団結権、団体交渉権、団体行動権）という、憲法が労働組合にのみに保障している権利があるからです。健全な労使関係を築き、よりよい職場環境、企業や団体、社会の発展に努めていくことが労働組合の役割です。

建設業では、「建設労働組合」がこの役割を果たしています。建設労働組合の加入者は、建設現場で働く労働者や職人、個人事業主や零細事業主が中心です。そして、重層下請構造が常態化している建設業界では、元請会社の下に二次、三次、場合によっては四次、五次の下請会社があります。下になればなるほど、厳しい納期や対価の減少を強いられることが増えますが、一人親方や零細企業の努力だけでは、どうにもならないのが現実です。このような1人の力では及ばない問題に直面した時に相談できる場所が、建設労働組合なのです。

建設職人の職場環境を象徴する「怪我と弁当は手前もち」という言葉があります。これは、業務中の怪我は自己責任という意味です。このようにいわれてきた職人の生活を守る、つまり、技術・技能を身に着け、それに見合った賃金と社会的地位を得ること、病気や怪我をした時は安心して療養ができること、安心した老後を迎えられること、これらの実現のために建設労働組合の働きは重要です。

2 建設労働組合の仕事

■労働保険事務組合

建設業の場合、原則元請の一括労災になりますが、事業主は労働者ではないので、元請一括労災を使うことはできません。そのため、一人親方や中小事業主は労災の特別加入をすることになります。建設労働組合では労働保険事務組合を持っているため、特別加入をすることができます。

■建設国保（建設業国民健康保険組合）

建設業労働者ための国保組合です。組合によって保険料や補償内容が違うものの、いわゆる市区町村が運営する国民健康保険とは違い、所得補償があったりします。この建設国保に加入するためには建設労働組合に加入することが要件になります。

■建設業退職金共済制度（通称：建退共）

一人親方が建設業退職金共済制度の証紙を受け取るには、一人親方の組合に加入しなくてはなりません。建設労働組合は建設業退職金共済制度の運営をしているため、加入していると建設業退職金共済制度の手続きを依頼することができます。

■技術、技能向上、資格取得のサポート

建設業においては必要な資格や特別研修等があるため、手続きの案内や、技術や技能の向上のための講習も実施しています。

■その他

税金相談、建設業許認可の相談等、建設業に関わること一式に対応してくれるので、一人親方や個人事業主は労働組合を利用することも１つの方法です。組合費やサポート内容については、個々の組合によって違いがあります。

第７章

働き方改革実現のために

I　労働時間削減へのステップ

1　適正な時間管理

平成31年から施行された働き方改革関連法について、すでに取組みを進めている会社もあれば、どこから手をつけていいかわからないという会社もあるでしょう。建設業においては、まずは適切な時間管理をすることが重要です。何が労働時間なのか、その時間がどれだけあるのかを把握することから始めます。

再三説明してきましたが、現場作業員であれば日給制であるがゆえに、技術者あれば仕事が属人化しており、現場から戻った後の事務所処理は自分次第であるがゆえに、時間の意識が低いといえます。今まで適正に管理をしてこなかった場合は、時間の意識をしてもらうにも時間を要します。まずは適切な時間管理をし、本来の労働時間がわかったところで、残業の原因を探るという流れになっていきます。

■時間外労働削減のステップ

STEP 1　時間に対する意識を高める

↓

・始業および終業の時刻を記録する
・移動時間の取扱いを決定する
・朝礼時間、朝の準備時間等あいまいな時間を明確にする

STEP 2　本来の労働時間の把握

↓

・タイムカードやアプリ等の客観的な方法で始業および終了時刻を記録する

STEP 3　現状の分析

↓

・残業の原因を探る

STEP 4　自社にあった労働時間削減の方法を決定

2 時間に対する意識を高める

時間外労働を削減していくためには、時間を意識してもらうことが重要です。方法の１つとして、１日の行動を見える化してみましょう。

技術者であれば、１日のスタートに自分のスケジュールを組み立てるようにします。実際は、多くの業務に流されがちですが、スケジュールの組立てをしないと、いつまで経っても「今日は忙しかった」「急な依頼がきてまた残業になってしまった」と言い訳ばかりになってしまいます。誰しもムダに時間を費やして残業になるわけではありません。日々、忙しく仕事をしているなかで時間をコントロールするためには、１日の行動を組み立て、自分で時間を意識することが重要なのです。

さらに毎朝、組み立てた１日の予定をチームで共有するとよいでしょう。お互いのスケジュールを理解することができ、自分自身も何をどれくらいの時間でやらないと終わらないのかを再認識できるはずです。

そして、このスケジュールに対して、上司もしくは経営者はしっかりコメントをしてください。見てもらえない情報共有は、段々やる気をなくしてしまいます。

■スケジュールの共有　例　　[図表 7-1]

＜朝＞

作業時間帯	作業内容
9：00-9：15	スケジュール確認、メールチェック、業務確認
9：15-10：00	A 社見積り作成
10：00-11：00	B 社打合せ
11：00-12：00	写真の整理、打合せ資料の作成
13：00-14：00	発注書類の作成、発注
14：00-17：00	施工計画書の作成、施工図作成
17：00-18：00	報告書の作成

＜帰り＞

作業時間帯	作業内容
9：00-9：15	スケジュール確認、メールチェック、業務確認
9：15-10：00	A 社見積り作成
10：00-11：00	B 社打合せ
11：00-12：00	写真の整理、打合せ資料の作成
13：00-14：00	発注書類の作成、発注 ⇒ここまで OK
14：00-17：00	施工計画書の作成、施工図作成
17：00-18：00	報告書の作成 ⇒持ち越し 他、問合せ（C 社、D 社） ※明日は現場へ直行

スケジュールの見える化により、その人の時間外労働の理由がわかってきます。単に時期的なものなのか、それとも業務量の偏りがあるのか、もしくは個人の能力の問題なのか、理由は様々です。

また、現場作業員に検討してもらいたいのが標準時間の設定です。例えば、朝の積込み作業は、通常30分で終わるのに、人によっては1時間もかかるケースがあります。時間のかかる人はわざと時間をかけているわけではありません。時間に対する意識が少し他の人よりもゆっくりなのかもしれませんし、段取りがあまり上手ではないのかもしれません。しかし、業務である以上は一定時間で終わらせないといけないため、標準時間の設定、マニュアル等の作成をしていきましょう。

技術者であっても技能労働者であっても、時間外労働をする際には「時間外労働を申請する」という手続きをとりましょう。一定時間で終わらないときに、はじめて時間外労働は発生します。ただ締め付けるわけではなく、時間外労働をするのであれば、何の業務のためにどれくらいの時間残業をするのか、申請させることが重要です。

■時間外・休日労働申請書 [図表 7-2]

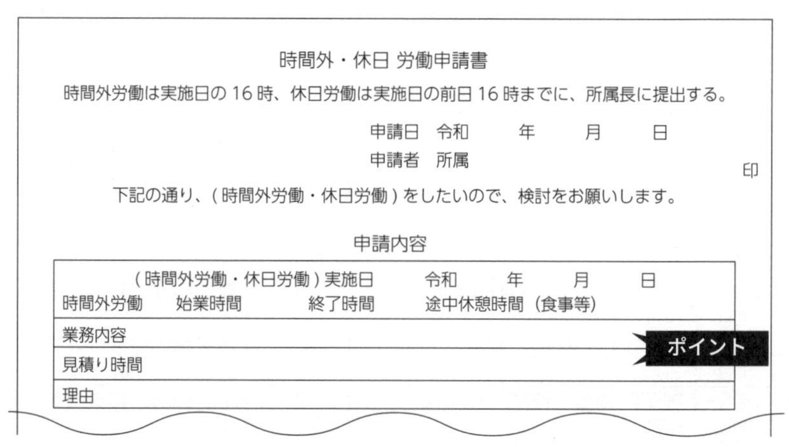
時間外・休日 労働申請書

時間外労働は実施日の 16 時、休日労働は実施日の前日 16 時までに、所属長に提出する。

申請日 令和　年　月　日

申請者 所属　印

下記の通り、（時間外労働・休日労働）をしたいので、検討をお願いします。

申請内容

（時間外労働・休日労働）実施日　令和　年　月　日 時間外労働　始業時間　終了時間　途中休憩時間（食事等）
業務内容
見積り時間
理由

働き方改革は「早帰り運動」ではなく、「生産性を上げること」が目的です。まずは時間に対する意識の醸成が重要です。

3 時間外労働削減のための取組方法

時間外労働の削減のための業務改善にあたっては、今までの業務のやり方を見直し、組織一丸となって取り組む必要があります。まずは、会社全体で社内の「ムダ」探しをしてみましょう。

■時間外労働削減のワーク（1時間程度）

〈準備するもの〉

付箋、付箋を貼り付ける模造紙

〈進め方〉

コーディネーターを決めた上で、番号順に進めます。

① 社員を5人程度のグループに分けます。5人以上でも構いませんが、活発に意見交換できるグループ編成が望ましいです。

② 残業の原因、ムダだと思う日常業務を各々書き出します。1案件について1枚の付箋にまとめます。5分程度と時間を決め、深く考え過ぎず、とにかく書き出しましょう。

③ ②が終わったら、書き出した付箋を社員全員が見えるように模造紙に貼り付けます。

④ コーディネーター中心に、全員がそれぞれ書き出した付箋を3つのグループに分けます。1つ目は仕組みの問題、2つ目は個々のスキルの問題、そして3つ目は組織風土の問題です。

⑤ ④の傾向により、残業が多い原因が見える化できます。しかし、ここで終わってしまっては何の解決にもなりません。社内で業務改善プロジェクトチームを発足させ、優先順位を決めて取り組みましょう。

4 時間外労働削減の考え方

時間外労働削減といっても、人の処理能力を突然倍速に変えるのは不可能です。そこで、現状の業務をすべて効率化するのではなく、そもそも本当に必要な業務なのかを見極める視点が必要です。今までの慣例でやっていたけれど省いても仕事に問題がない作業であれば、思い切ってやめるのも一手です。限られた時間のなかで仕事をしていくためには、本来やるべき仕事が何かを検討した上で、その仕事の手順をマニュアルに落とし込む標準化、現場の管理やスケジュール管理のIT化等が欠かせません。そして、本当にやるべき業務に時間を使えるようにします。

■業務改善の進め方

STEP1　「やらないこと」を決める

↓　例）移動、書類探し、必要以上の会議　等

STEP2　「やること」を効率化

↓　例）安全書類の作成、現場の進捗管理　等

STEP3　「やるべきこと」に集中

例）安全・品質への取組み　等

5 時間外労働の原因を探る

時間外労働削減のワークをしてみると、残業の原因は大きく3つに分かれます。それぞれの解決の切り口を考えていきましょう。

1つ目は仕組みの問題です。例えば、会議が長い、同じような書類をいくつも作っている、書類を探すことに時間がかかっているといったことです。仕組みの問題はIT化、業務の標準化等で解決の糸口を見つけることができます。

2つ目は個々のスキルの問題です。例えば、ITスキルが未熟、実務への理解が足りていない、本人がやり方にこだわって時間をかけ過ぎてしまうなどです。スキル不足の場合は、一旦作業の効率を落とします。個々のスキルの解決には、教育と仕事のやり方の見直しが必須です。

そして3つ目は組織風土の問題です。これが1番難しい問題です。今まで時間を管理していなかったがために残業が当たり前になっている会社では先に帰ることに勇気がいります。また残業手当が生活給になっているのであれば、時間外労働を減らすことに抵抗があるはずです。風土とは長年培われたものです。小さな習慣から変えていくことしかできないので、どんな小さな取組みでもまずはスタートしてみましょう。雰囲気として帰りづらいのであればノー残業デーを導入し、帰れる雰囲気をつくることも1つの方法です。また時間外労働の削減を始めると「会社は残業代を払いたくないのでは？」と間違った見方をする人も出てきます。残業手当が生活給になっている会社であれば、時間外労働を削減しても売上をそのまま維持することを評価し、その分を賞与で還元するといった方法も考えられます。

コラム

組織風土の問題

弊所の顧問先でも「若い人を入れるために週休２日制を導入しよう」と取り組んだ会社がありましたが、結果からいうと失敗に終わりました。

というのも、週休２日制度を導入しても、先輩たちが今まで通り週休１日で仕事をしている場合、新人は週休２日を取りづらいからです。「何で休むの？」という雰囲気では休むことはできません。

いくら体制を整えたとしても、それが根付くには時間がかかります。そして今までの仕事のやり方を変えずに、単に週休２日にすると、当然、工期も遅れます。仕事のやり方の改善、人員の配置の問題等たくさんの課題を解決しなければなりません。「なぜ週休２日にしなくてはいけないか？」ということを全社で考えながら取り組んでいかなくてはいけないのです。そうした意味でも、労働時間の削減は、組織風土を変えることだといえ、時間がかかるのです。

Ⅱ　ルールの見える化

1 労働条件の見える化

建設業には未だ口約束の文化が残っています。しかし、ルールがあいまいであれば働く人は不安ですし、そうしたことが繰り返されれば会社への不信感が募ります。先日も「入社前は8時始業と言われたのに、入社したら7時30分から朝礼がありました」と相談を受けました。

そもそも労働条件は働く上で非常に重要なものです。労働基準法15条1項には「使用者は、労働契約の締結に際し、労働者に対して賃金、労働時間その他の労働条件を明示しなければならない」と規定されています。常時10人以上を雇用する会社であれば、就業規則の作成、届出の義務もあります。ルールをしっかり伝えることが大切です。

■明示事項と求められる方法　[図表7-3]

書面の交付による明示事項	口頭の明示でもよい事項
①　労働契約の期間 ②　期間の定めのある労働契約を更新する場合の基準（更新の基準） ③　就業の場所、従事する業務の内容 ④　始業・終業の時刻 所定労働時間を超える労働の有無 休憩、休日、休暇、交代制勤務 ⑤　賃金の決定・計算、支払い方法、賃金の締切・支払いの時期 ⑥　退職に関する事項（解雇の事由を含む）	①　昇給に関する事項 ②　退職手当の定めが適用される労働者の範囲、退職手当の決定、計算・支払いの方法、支払い時期に関する事項 ③　臨時に支払われる賃金、賞与 ④　労働者に負担させる食費、作業用品、その他に関する事項 ⑤　安全・衛生に関する事項 ⑥　職業訓練に関する事項 ⑦　災害補償、業務外の傷病扶助に関する事項 ⑧　表彰、制裁に関する事項 ⑨　休職に関する事項

厚生労働省HPより作成

■労働契約書（有期）

[図表 7-4]

労働契約書

株式会社＿＿＿＿（以下会社という）と＿＿＿（以下本人という）とは、以下の条件により労働契約を締結する。

雇用期間	年　月　日～　年　月　日まで			
勤務場所				
仕事の内容				
勤務時間	1. 始業　　終業 2. 休憩時間			
休　日				
所定外労働	所定外労働	□有　□無	休日労働	□有　□無
休　暇	1. 年次有給休暇 2. その他休暇			
賃　金	基本給	基本給　　円（時給・日給・月給）		
	諸手当	手当　　円（時間外労働　時間分含む） 手当　　円 手当　　円		
	割増賃金率			
	賃金締切日	毎月　日		
	賃金支払日	毎月　翌月　日		
	賃金支払時の控除	□所得税　□雇用保険料　□社会保険料　□住民税		
	昇給	□有　□無		
	賞与	□有　□無		
	退職金	□有　□無		
契約更新の有無	□自動的に更新する □更新する場合がある □更新しない	契約の更新の判断基準		
退職に関する事項				

・本人は就業規則等に定める諸規則を遵守し、誠実に職責を遂行すること。
・その他、疑義が生じた場合には労働法令に従う。

年　月　日

会　社

㊞

本　人　住所

氏名　㊞

■労働契約書（正規）

[図表 7-5]

労働契約書

株式会社＿＿＿＿（以下会社という）と＿＿＿（以下本人という）とは、以下の条件により労働契約を締結する。

雇用期間	年　月　日 ～ 期間の定めなし			
勤務場所				
仕事の内容				
勤務時間	1. 始業　　終業 2. 休憩時間			
休　日				
所定外労働	所定外労働　□有　□無		休日労働　□有　□無	
休　暇	1. 年次有給休暇 2. その他休暇			
賃　金	基本給	基本給（時給・日給・月給）　円		
	諸手当	○○手当　円 ○○手当　円（時間外労働　時間分含む） ○○手当　円		
	割増賃金率			
	賃金締切日	毎月　日		
	賃金支払日	毎月　日		
	賃金支払時の控除	□所得税　□雇用保険料　□社会保険料　□住民税		
	昇給	□有　□無		
	賞与	□有　□無		
	退職金	□有　□無		
退職に関する事項	1. 定年制　□有　歳　□無 2. 継続雇用制度　□有　歳　□無 3. 自己都合の退職手続き 4. 解雇の事由および手続き			
その他				

・本人は就業規則等に定める諸規則を遵守し、誠実に職責を遂行すること。
・その他、疑義が生じた場合には労働法令に従う。

年　月　日

会　社

㊞

本　人　住所

氏名　㊞

コラム

電子メディアでの労働条件明示で気をつけること

平成31年4月から、FAX、メール、SNS等での労働条件の明示が可能になりました。当然ですが、明示する内容は事実と異なってはいけません。適切な内容でも、紛争を未然に防止する観点から下記の3点に注意しましょう。

1つ目は、労働者が本当に電子メール等による明示を希望したか、個別にかつ明示的に確認することです。労働者が希望していないにもかかわらず、電子メール等のみで明示することは、労働基準関係法令の違反となり、最高で30万円以下の罰金となる場合があります。

2つ目は、労働者に本当に到達したか確認することです。例えば、受信拒否設定等で届いていない場合があります。労働契約の締結時に明示を怠ったと判断された場合、1つ目と同様の違反に問われる可能性があります。

3つ目は、なるべく出力して保存するように労働者に伝えることです。SNSなどの一部サービスでは、情報の保存期間が限られる場合があります。後から確認できる方式での保存を推奨します。

また、SMS（ショート・メール・サービス）等による明示はPDF等のファイルが添付できず、文字数制限もあるため、望ましくありません。

■ SNSでの明示　[図表7-6]

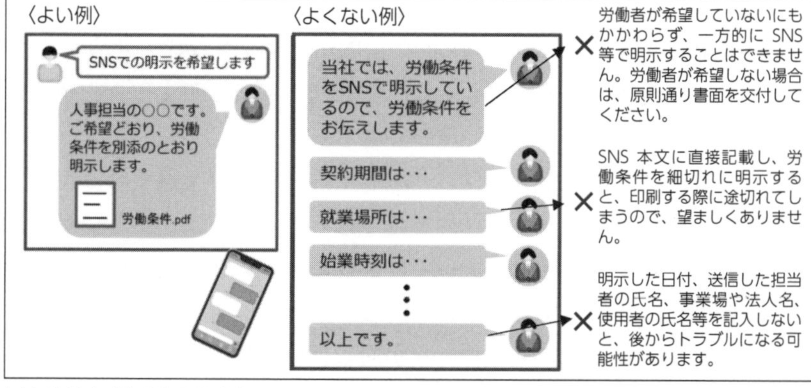

厚生労働省「『労働基準法施行規則』改正のお知らせ」より作成

2 見える化を浸透させるために

就業規則等で社内のルールを作成しても、それが理解してもらえなければ意味がありません。ルール浸透のためには、見える化、伝え方の工夫、習慣化が大切です。

見える化のためにおすすめしたいのが、「従業員ルールブック」の作成です（►図表7-7）。就業規則には、労働条件と服務規律という会社のルールが載っていますが、一般的に就業規則を読むのは敷居が高いはずです。それでは従業員に伝わらないので、就業規則のなかで重要だと思われること、解釈が難しいこと、絶対に守ってほしいことなど、イラストを入れたルールブックに落とし込んでみましょう。例えば、就業規則の労働時間には始業、終業の時刻が記載されていると思います。しかし、重要なのは「どういう時間が労働時間なのか？」ということです。朝礼の時間や移動時間の取扱い等を明確にすることでルールを見える化していきます。

ただ「従業員ルールブック」を作っただけでは、なかなか読んでもらえません。伝え方の面では、専門家の人に同席をしてもらっての説明会をおすすめします。労使双方そろって説明を受けることで、普段は聞けないような切り口からの問題解決もできるはずです。

また、「これは常識」で片付けるのではなく、ルールはルールとして、しっかり記載しておくことが重要です。最近では、建設現場でのSNSの取扱いが問題になっています。SNSが身近な世代とそうでない世代とでは世代間のギャップもあるので、伝える際は明文化を心がけましょう。常識は世代間によって違いがあるものです。

そして最後は習慣化です。良いと思っても、時間が経過すれば忘れていきます。普段からルールブックを見てもらえるように、小さいサイズのものを作成したり、場合によっては会社のカレンダー、組織図等もいれて手帳形式にしたりするのもいいでしょう。ルールブックを見ることが習慣になり、誰に聞いてもルールが同じという状況をつくっていきましょう。

■ルールブック　例

[図表 7-7]

労働時間とは

労働時間とは会社にいる時間ではありません。
上司からの指示を受けて働いている時間です。
労働時間には給与や残業手当を支払いますが、労働時間ではない時間には支払うことができませんので、下記の例を参考に労働時間を記録、管理してください。

労働時間に含まれる時間	労働時間に含まれない時間
・朝礼 ・会社が指定する参加必須の研修 ・事務所から訪問先への移動時間 ・上司から指示されて行う仕事時間	・タバコ休憩やお茶休憩、昼休憩 ・本人の意思で参加する研修 ・個人でセッティングした会食 ・会社の飲み会 ・通勤時間 ・私用外出

所定労働時間

所定労働時間（会社で定めた働かなければいけない時間）は以下の通りです。

	始業及び終業時刻	休憩時間
現場	始業　午前8時30分 終業　午後5時30分	午後0時00分から 午後1時00分まで 午前10時～、午後3時～各15分
事務 営業	始業　午前9時00分 終業　午後6時00分	午後0時00分から 午後1時00分まで

※契約パート社員については、個別の契約にて定めます。

服務規律

・使用者が定めた業務分担と諸規則に従い、上長の指揮の下、誠実、正確かつ迅速にその職務にあたること。
・勤務時間中は、定められた業務に専念し、上長の許可なく職場を離れ、または他の者の業務を妨げるなど、職場の風紀秩序を乱さないこと。
・反社会的勢力もしくはそれに類する団体や個人と一切の関わりをもってはならない。
・事業場内外を問わず、人をののしり、または暴行、流言・悪口・侮辱・勧誘その他、他人に迷惑になる行為をしてはならない。
・服装などの身だしなみについては、常に清潔に保つことを基本とし、他人に不快感や違和感を与えるものとしないこと。服装を正しくし、作業の安全や清潔感に留意した頭髪、身だしなみをすること。
・業務上知り得た使用者および顧客情報の守秘、知り得た個人情報の保護には万全を期し、一切の情報漏えいが起こらないよう、常に留意しなければならない。
・事業場の内外を問わず、在職中または退職後においても、使用者ならびに取引先等の機密、機密性のある情報、個人情報、顧客情報、企画案、ノウハウ、データ、ID、パスワードおよび使用者の不利益となる事項を第三者に開示、漏えい、提供をしてはならない。また、これらの利用目的を逸脱して取扱いまたは漏えいしてはならない。
・使用者の許可なく営業上の秘密の情報を事業場外に持ち出したり、FAXや電子メールで送信、SNS で開示するなどで、使用者や顧客および個人の秘密を他に洩らしてはならない。

みだしなみ

・社会人として清潔感のある格好にしましょう

・服は常に清潔に

相手に不快な思いを
させないこと

3 給与の見える化

職能資格制度の考え方では、勤続年数が長くなるにつれて本人の能力も上がるため、勤続年数が長いほど給与は上がっていきました。しかし今、勤続年数が長くなれば自動的に賃金が上がるような会社は少なくなってきています。入社をしても自分がどのように成長していくかわからない、何を頑張れば給与が上がるのかが見えない状況であれば、将来に不安を感じ、退職という選択をするケースが増えていくのです。

平成31年、建設業においては建設キャリアアップシステム（CCUS）がスタートをしました。これは登録・蓄積された技能労働者の資格や就労履歴による業界統一の客観的な基準を活用する仕組みです。ここで示された基準を用いて、自社独自の基準を作成してみることをおすすめします。貢献度の基準は、会社によって違うはずです。職種ごとの能力基準、必要な資格、会社として求める能力を見える化し、建設キャリアアップシステム（CCUS）と自社の評価を連動させていきましょう。

■基本給レンジ　例

[図表 7-8]

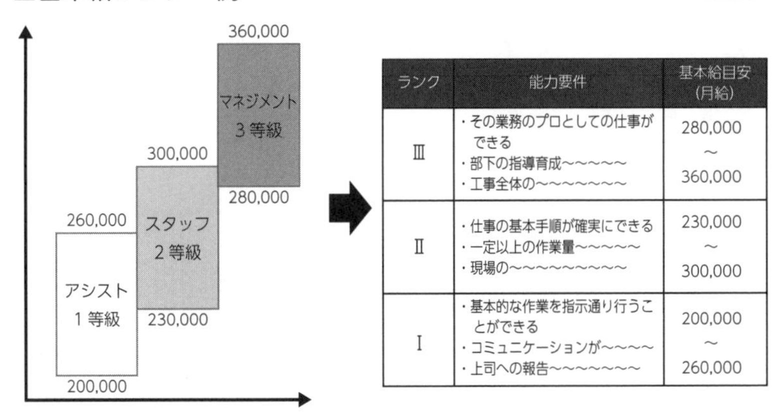

ランク	能力要件	基本給目安（月給）
Ⅲ	・その業務のプロとしての仕事ができる ・部下の指導育成〜〜〜〜〜 ・工事全体の〜〜〜〜〜〜〜	280,000 〜 360,000
Ⅱ	・仕事の基本手順が確実にできる ・一定以上の作業量〜〜〜〜〜 ・現場の〜〜〜〜〜〜〜〜〜	230,000 〜 300,000
Ⅰ	・基本的な作業を指示通り行うことができる ・コミュニケーションが〜〜〜〜 ・上司への報告〜〜〜〜〜〜〜	200,000 〜 260,000

働く人たちは一生懸命に仕事をしています。しかし、会社が給与の客観的な根拠や昇給の見通しを示せていなかったり、口頭でしか伝えていなかったりして、評価がうまく伝わっていないことが多いように思います。これが、給与の見える化が重要な理由なのです。

■等級基準書　例

[図表 7-9]

	等級	職位目安	基本給目安	滞留年数目安	役割等級基準（役割・責任・期待される行動）	能力要件（技能・経験・知識・資格）大工	能力要件（技能・経験・知識・資格）施工管理	能力要件（技能・経験・知識・資格）デザイン・設計
担当職	1等級	担当職Ⅰ	180,000〜230,000	3年	・仕事の基本手順が理解できる ・定型業務に関して、指示に従い、迅速、適切な処理ができる ・上司への報告、連絡、相談がきちんとできる ・仲間とのコミュニケーションがとれ、協力することができる ・経営理念に対する理解ができている ☆業務処理ができる	・指示されたことが的確にできる ・道具の手入れができる ・用具、道具を理解できる ・基本的な電動工具をを使うことができる ・常に現場の清掃を率先して行うことができる CCUS　レベル1	・工程管理、安全管理について理解できる ・建物の基本的な構造が理解できる ・建築全般の基本的な仕上品（商品名）がわかる ・お客様との打合せ事項をきちんと監督に伝えられる ・現場の整理整頓につとめることができる	・お客様の要望の聞き出しができる ・モデルハウスの接客をプロセス通りにできる ・CADの3D基本操作ができる ・JWWのCADができる
	2等級	担当職Ⅱ	230,000〜270,000	5年	・仕事の基本的手順が確実にできる ・要点を的確に把握し、迅速、適切な処理ができる ・困難な業務でも、努力して成果をあげることができる ・経営理念を実践する能力がある ☆業務処理の確立	・図面が読める ・棒線工程表が作れる CCUS　レベル2	・敷地調査と現場の対応ができる ・年間○棟管理できる ・現場の実行予算管理ができる ・建物の基本的な構造を理解している ・クレーム処理を迅速に行える	・ヒアリングシートに基づき、お客様の要望を聞き出し、資金計画に寄り添った提案ができる ・敷地調査を行うことができる ・構造を含めてのプラン作成ができる 【資格目安】　インテリアコーディネーター・2級建築士
指導職	3等級	主任	270,000〜320,000	7年	・後輩への指示、指導が的確にできる ・常に改善意識を持ち、業務を処理することができる ・一定以上の作業量をこなすことができる ・予定期日に業務を終了させることができる ・本人および部下のクレーム処理ができる ・常に経営理念を考えてリーダーシップをとれる ☆専門分野の形成	・構造・耐震工事を理解している ・お客様との打合せ事項を図面・見積もり・仕様等をまとめてキチンと整理・引き継ぎできる ・迅速にクレームに対処し、解決策を判断できる CCUS　レベル2/3	・お客様のニーズをしっかり聞き出し、不安にさせることなく引渡しができる ・年間○棟管理できる ・協力業者との折衝ができる ・迅速にクレーム処理し、解決策を判断できる ・部下指導ができる	・お客様との打合せで、コミュニケーションがとれ、+αの提案ができる ・他部門との連携をし、リードしていくことができる
	4等級	課長	320,000〜360,000	8年	・後輩の育成指導を任せることができる ・業務改善に対して、企画提案することができる ・指導力を発揮することができる ・経営理念に基づき、チームを運営することができる ☆指導能力の形成	・完工粗利○○万円の受注ができる ・店舗の数値目標の計画を立案し、実行して成果を上げることができる ・店舗のマネジメントができる ・管理職としての判断・決断を迅速にできる ・部下の能力を把握し、適切な仕事量・内容を与えることができる ・部下を分け隔てなく、公平に評価できる CCUS　レベル3/4	・売上のマネジメントができる ・実行予算の即時予算残と工程表が出せる ・部下の能力を把握し、適切な仕事量、内容を与えられる ・部下を分け隔てなく、公平に評価できる	・マネジメントができる 【資格目安】　インテリアプランナー
管理職	5等級	部長	400,000〜					

■能力評価基準【建築大工】

[図表 7-10]

CCUS 職種コード		34 大工－01 大工、02 宮大工、03 造作大工、04 組立大工、05 修繕大工、06 木工、07 大工（ツーバイフォー工法）、08 外壁大工、09 大工（丸太組立法）
能力評価実施団体		(一社) JBN・全国工務店協会　全国建設労働組合総連合 (一社) 全国住宅産業地域活性化協議会 (一社) 日本ツーバイフォー建築協会 (一社) 日本木造住宅産業協会 (一社) 日本ログハウス協会　(一社) プレハブ建築協会
呼　称		建築大工技能者
レベル 4	就業日数	10 年（2150 日）
	保有資格	◇登録建築大工基幹技能者〔00032〕 ◇優秀施工者国土交通大臣顕彰（建設マスター）〔91001〕 ◇安全優良職長厚生労働大臣顕彰〔93001〕 ◇卓越した技能者（現代の名工）〔94001,94002〕 ◇技能グランプリ（金賞・銀賞・銅賞・敢闘賞）〔95101,95102,95103,95104〕 ●レベル２、レベル３の基準の「保有資格」を満たすこと
	職長経験職	職長しての就業日数が３年（645 日）
レベル 3	就業日数	7 年（1505 日）
	保有資格	以下の資格のうち２つ以上 ✓１級又は２級建築大工技能士〔10601,10602〕 ✓枠組壁建築技能士〔10701〕 ✓１級又は２級建築施工管理技士〔30007,30008〕 ✓１級若しくは２級建築士〔30002,30003〕又は木造建築士〔30004〕 ✓職業訓練指導員（建築科・枠組壁建築科・プレハブ建築科）〔30091〕 ✓木材加工用機械作業主任者技能講習〔40001〕 ✓建築物の鉄骨の組立て等作業主任者技能講習〔40012〕 ✓足場の組立て等作業主任者技能講習〔40011〕 ✓木造建築物の組立て等作業主任者技能講習〔40019〕 ✓青年優秀施工者土地・建設産業局長顕彰〔92001〕 ✓プレハブ建築マイスター〔30092〕 ✓認定ログビルダー〔30093〕 ●レベル２の基準の「保有資格」を満たすこと
	職長・班長経験	職長または班長としての就業日数が 0.5 年（108 日）
レベル 2	就業日数	3 年（645 日）
	保有資格	●丸のこ等取扱作業者安全衛生教育〔60010〕 ●足場の組立て等作業従事者特別教育〔50052〕又は足場の組立て等作業主任者技能講習〔40011〕
レベル 1		建設キャリアアップシステムに技能者登録され、レベル２から４までの判定を受けていない技能者

※●印の保有資格は、必須。◇印の保有資格は、いずれかの保有で可。〔　〕は、ccus 職種コードを示している。
※就業日数は、215 日を１年として換算する。

国土交通省「【CCUS ポータル】　能力評価制度について　能力評価基準一覧」より

■各職種における賃金目安（年収）の設定状況について　［図表 7-11］

呼称	団体	賃金目安（年収）の設定額（万円）			
		レベル4	レベル3	レベル2	設定額の考え方
型枠技能者	(一社) 日本 型枠工事業協会	820～ 620万円	640～ 590万円	550万円	団体で実施した「型枠大工雇用実態調査」を基準に設定
機械土工技能者	(一社) 日本 機械土工協会	700万円	600万円	400万円	厚生労働省の「賃金構造基本統計調査」を基準に設定 ※調整中のものであり、理事会等の機関決定を経たものではありません
内装仕上技能者	(一社) 全国建設室内工事業協会	840万円	700万円	560万円	日当25,000円を目標とした上で設定
建築大工技術者	(一社) ＪＢＮ・全国工務店協会	750～ 700万円	650～ 600万円	350～ 300万円	建築大工業界で検討してきた職業能力基準の賃金指標と、全産業平均の年収額より設定 国の各種基幹統計及び全建総連「賃金実態調査」と乖離がないことを確認 ※調整中のものであり、理事会等の機関決定を経たものではありません。
	全国建設労働組合総連合				
	(一社) 全国住宅産業地域活性化協議会				
	(一社) 全国中小建築工事業団体連合会				
	(一社) 日本ログハウス協会				
トンネル技能者	(一社) 日本トンネル専門工事業協会	1200万円	1100～ 850万円	750～ 500万円	国土交通省の「設計労務単価」を基準に設定
圧接技能者	全国圧接業 協同組合連合会	840万円	720万円	480万円	全国5地区（北海道・関東・中日本・関西・西日本）の組合で実施したアンケート調査の結果を基準に設定
基礎ぐい工事技能者	全国基礎工業 協同組合連合会	723～ 620万円	673～ 576万円	462～ 344万円	団体で実施した「組合員実態調査」を基準に設定

※一職種につき複数団体により構成されている場合においては、表中に掲載された団体間のみで合意がとれたものであり、今後調整が行われる予定

国土交通省「建設技能者の能力評価制度の進捗状況について」より

4 日給制から月給制へのステップ

建設業で時間管理がうまく機能していない、年次有給休暇がない、振替休日がわからないといった問題の最大の原因は、日給月払い制にあると説明をしてきました。ここでは、日給制から月給制への移行を説明します。

■パターン1　月の平均労働日数で基本給を決める場合

STEP1　所定労働日を決定

1年単位の変形労働時間制を導入することにします
　→1日の所定労働時間7時間30分、年間休日88日で決定

STEP2　月給の目安を検討

年間労働日数を決めます　→365日－88日＝277日
月平均労働日数を決めます→277日÷12か月≒23日
月給の目安を決めます　　→10,000円×23日＝230,000円

STEP3　前年度の給与総額および残業時間数の算出

通常25日出勤だとします（所定外労働日2日を含みます）
〈従　来〉　10,000円×25日＝250,000円
〈月給制〉230,000円＋10,000円×125％×2日＝255,000円
　従来の月収：250,000円と5,000円の差額発生

■パターン2　年間の支払総額で基本給を決める場合

STEP1　所定労働日を決定

1年単位の変形労働時間制を導入することにします
　→1日の所定労働時間7時間30分、年間休日88日で決定

STEP2　前年度の給与総額および残業時間数の算出

前年度1年間の支払総額・残業時間を算出します。残業時間の正確な数値の算出が難しい場合、平均値を調査して、検討します

［図表7-12］

	労働日	支給総額	残業時間
1月	15日	225,000	17時間
2月	20日	300,000	19時間
⋮	⋮	⋮	⋮
合計	277日	4,800,000	276時間

STEP3　新給与月額を仮設定

月平均所定労働日を求めます→277日÷12か月＝23日
前年度の給与総額を月平均所定労働日で除して月給額を仮定します→4,800,000÷23日≒208,695　209,000円に仮設定

STEP4　新給与月額の構成を検討

固定残業時間手当、資格手当、職長手当等月給制への切り替えの際に、会社として必要な手当を検討します

STEP 5　固定時間外手当の導入

1日平均1時間程度の残業があったとして、その時間分の残業代を固定残業手当へ置き換えて賃金を組み込みます

→固定時間手当：23時間分（1時間×月平均所定労働日数）

STEP 6　固定残業時間を導入した賃金の組み換え

固定残業手当は、基本給を月平均所定労働時間で除して求めた時間単価から算出します

→ 179,000円÷ 172.5=1,037　時間単価1,037円

1,037 × 125% = 1,296　割増単価1,296円

1,296円× 23時間 = 29,808円

固定時間外相当分30,000円に設定

新給与総額：209,000円

（基本給：179,000円、固定時間外手当：30,000円）

■新給与適用後のイメージ

［図表 7-13］

	勤務形態	所属	氏　名	現行給与日給額	新給与			現行給与	新－旧	組換え賃金基礎データ				
					基本給	固定残業手当	合計			算定基礎賃金	所定労働時間	時間単価	割増単価	21時間分
1	日給		○○さん	10,000	197,000	33,000	230,000	230,000	0	197,000	173.1	1,138	1,423	32,720
					↑ 1日7.5時間×23日分	↑ 1日1時間残業		↑ 日給×23日分					↑ 1,138円×125%	

月平均所定労働日数：23日、所定外労働日：2日の場合

〈月給〉230,000円＋1,423円 ×8.5時間 ×2日＝254,191円

日給1万円のときの月給250,000円と 4,191円の差額発生

■検討課題

従来の賃金単価は変えずに差額分を支払うのか、従来の支払総額と同額程度で月給制へ移行するのかを検討します。前者の場合、時間外労働の割増賃金の分だけ支払金額が大きくなります。後者の場合、割増賃金も含めた月給となります。日給制では、何時間分の労働に対して日給なのか不明確なケースが多いですが、就業規則等で所定労働時間が決まっていれば、時間単価を正確に算出できます。時間外労働を含めたことによる時間単価の定価は不利益変更に当たるので、個別同意が必要となります。平均的な残業代を固定残業手

当として賃金に組み込むことで、従来の支払総額を保つとよいでしょう。

また労働者によっては、働いた分をもらった実感があった日給制に対して、月給にならした額面は減額されたと感じることがあるようです。使用者にとっても、1月など元々稼働が少ない月にも月額を固定で支払うことになるため、当然持ち出しが多くなります。しかし、仕事をする上で賃金は重要です。法定に準じた賃金設定は第前提として、基本給の決定方法、各種手当を見直していきましょう。

(1) 1年単位の変形労働時間制を導入する事例

〈**会社概要**〉住宅基礎工事（創業15年目／従業員16名）

〈**現状**〉

事務部門と工事部門に分かれています。事務部門は土日祝が休日で、1日8時間勤務です。一方の工事部門の休日は、日曜日、お盆の時期、年末年始のみです。朝6時には事務所に来て積込み作業をし、現場に向かい、夏は19時、冬は16時くらいに事務所に戻り、休憩しつつ日報の作成や翌日の打合せ等をして帰宅する状況でした。日給制のため出面表の管理のみで、時間管理は行っていません。

〈**働き方改革への取組み**〉

STEP1　法定に合わせる

まずは、現状の労働時間や労働日数を法定に合わせるところから取組みを始めました。今まで社内では「1日8時間勤務」としていましたが、工事部門は事務部門と違い、昼の1時間休憩の他に、10時と15時に15分ずつ休憩していることがわかりました。そのため、事務部門は8時30分～17時30分、途中60分休憩の1日8時間勤務、工事部門は8時～17時、途中休憩90分の1日7時間30分勤務ということを明確に分けました。

■部門ごとに分けた労働時間　例

[図表 7-14]

	始業	終業	休憩	1日の所定労働時間	休日
事務部門	8時30分	17時30分	60分	8時間	土日祝
工事部門	8時	17時	90分	7時間30分	日、お盆休み、年末年始

STEP 2　休日の設定

法定労働時間は1日8時間、1週40時間、法定休日は週1日もしくは4週4日という決まりがあります。事務部門は問題ありませんが、工事部門はそもそも日曜日しか休日を設定していません。1日の所定労働時間が7時間30分、休日が日曜日のみとなると、土曜日については、一部法定時間外の労働になってしまいます。そのため、工事部門は1年単位の変形労働時間制を導入し、1日7時間30分勤務、年間休日88日と決定しました。

■年間カレンダー　例

[図表 7-15]

2020 年　　　　○○工業株式会社（工事）

1月 (9)

日	月	火	水	木	金	土
			1	2	3	4
5	6	7	8	9	10	11
12	13	14	15	16	17	18
19	20	21	22	23	24	25
26	27	28	29	30	31	

2月 (6)

日	月	火	水	木	金	土
						1
2	3	4	5	6	7	8
9	10	11	12	13	14	15
16	17	18	19	20	21	22
23	24	25	26	27	28	29

3月 (6)

日	月	火	水	木	金	土
1	2	3	4	5	6	7
8	9	10	11	12	13	14
15	16	17	18	19	20	21
22	23	24	25	26	27	28
29	30	31				

4月 (6)

日	月	火	水	木	金	土
			1	2	3	4
5	6	7	8	9	10	11
12	13	14	15	16	17	18
19	20	21	22	23	24	25
26	27	28	29	30		

5月 (8)

日	月	火	水	木	金	土
					1	2
3	4	5	6	7	8	9
10	11	12	13	14	15	16
17	18	19	20	21	22	23
24	25	26	27	28	29	30
31						

6月 (6)

日	月	火	水	木	金	土
	1	2	3	4	5	6
7	8	9	10	11	12	13
14	15	16	17	18	19	20
21	22	23	24	25	26	27
28	29	30				

7月 (7)

日	月	火	水	木	金	土
			1	2	3	4
5	6	7	8	9	10	11
12	13	14	15	16	17	18
19	20	21	22	23	24	25
26	27	28	29	30	31	

8月 (12)

日	月	火	水	木	金	土
						1
2	3	4	5	6	7	8
9	10	11	12	13	14	15
16	17	18	19	20	21	22
23	24	25	26	27	28	29
30	31					

9月 (8)

日	月	火	水	木	金	土
		1	2	3	4	5
6	7	8	9	10	11	12
13	14	15	16	17	18	19
20	21	22	23	24	25	26
27	28	29	30			

10月 (6)

日	月	火	水	木	金	土
				1	2	3
4	5	6	7	8	9	10
11	12	13	14	15	16	17
18	19	20	21	22	23	24
25	26	27	28	29	30	31

11月 (8)

日	月	火	水	木	金	土
1	2	3	4	5	6	7
8	9	10	11	12	13	14
15	16	17	18	19	20	21
22	23	24	25	26	27	28
29	30					

12月 (6)

日	月	火	水	木	金	土
		1	2	3	4	5
6	7	8	9	10	11	12
13	14	15	16	17	18	19
20	21	22	23	24	25	26
27	28	29	30	31		

休日
祝日

年間休日日数	88日
年間労働日数	278日
1日所定労働時間	7時間30分
年間労働時間	2085時間00分
週平均労働時間	39時間53分

■所定労働時間ごとの必要年間休日数　[図表 7-16]

所定労働時間	必要休日数
8時間	105日
7時間30分	87日（うるう年88日）
7時間	85日

ポイント

労働時間の考え方

・同じ会社であっても、部門ごとに違う労働時間や休日を設定して問題ありません。
・労働時間とは使用者の指揮命令下にある時間をいい、休憩時間は労働時間には含めません。朝礼、片付け、日報の作成時間は労働時間としてカウントできます。

1年単位の変形労働時間制とは

1年単位の変形労働時間制とは、1年以内の一定の時間を平均して1週間の労働時間が40時間以下の範囲内であれば、1日10時間まで、1週間52時間まで働かせることができる制度のことをいいます。制度の導入にあたっては、労使協定を締結して労働基準監督署長に届け出ておくことと、就業規則等に明記しておくことが必要です。労使協定で定める内容は次の5項目です。

① 1年単位の変形労働時間制を適用する従業員の範囲
② 1年単位の変形労働時間制の対象とする期間（通常は1年間）
③ 特定期間（特に忙しい期間）
④ 年間の出勤日と出勤日ごとの労働時間
⑤ 労使協定の有効期間

STEP３　労働時間の適正把握

会社の労働時間、休日を整理するのと同時に「労働時間の管理」をすることにしました。今まで、工事部門は出面表しかなかったため、まずはタイムカードを導入し、始業および終業時刻の打刻から取組みをスタートさせました。元々、時間管理の習慣がなかったため、毎日、帰りの打刻時刻は遅い日が続きましたが、社内で「仕事が終わったらタイムカードを押しなさい」と言い続けたことにより、打刻する習慣がついてきました。併せて、夜の日報や片付けなどの作業時間は２時間以内とルール決めをし、このルールを１か月毎日守れた場合には特別手当を支給して、時間に関する意識を高めていきました。

STEP４　賃金制度の見直し

STEP2で１年単位のカレンダーを作成したことで、休日と労働日の区分を明確にすることができました。そこで日給の単価表を作成し、休日単価と平日単価を従業員に周知をした上で支払うことにしました。また、どこが休日で、どこが労働日かがわかることで、雨天のときの振替等も明確になり、管理がしやすくなりました。

STEP3の取組みにより、日報の作成や後片付け等のための残業は毎日２時間程度に収まるようになってきました。今までは「日給だから」と一言でまるめていましたが、今後はそのような対応にするわけにはいきません。そのため、現在の日給のなかに２時間分の固定残業代を含めた日給単価表を作成し直しました。

日給は変えずに固定残業代を含めるとすると、所定労働時間あたりの賃金単価が下がります。従業員にとっては「労働条件の不利益変更」となるため、個別に内容を説明し、個別に同意を得るようにしています。

■令和２年　日給単価表 [図表 7-17]

東京都最低賃金　1.013 円 (2020.10.1)

日給	内訳		休日単価（7.5＋２H）		所定労働時間	時間単価	割増単価 (125%)	割増単価 (135%)	含み残業時間
	基本給	定額時間外給	日曜日以外	日曜日 (135%)					
10,500	7,750	2,750	12,271	13,253	7.5	1,033	1,292	1,395	2.1
11,000	8,000	3,000	12,667	13,680	7.5	1,067	1,333	1,440	2.3
11,500	8,250	3,250	13,063	14,108	7.5	1,100	1,375	1,485	2.4
12,000	8,500	3,500	13,458	14,535	7.5	1,133	1,417	1,530	2.5

(7,750 円÷7.5 時間＝1,033 円) (1,033 円×125%×2 時間≒2,750 円)

STEP５　年次有給休暇の計画的付与を決定

「そもそも日給で、元請からもらえないのに、なぜ有休休暇の分を払わなくてはいけないのか？」というところからスタートしました。しかし、労働者である以上は労働基準法の適用になり、年次有給休暇の取得は必須です。

今回、年間カレンダーを作成したことで労働日が確定したため、会社は年次有給休暇の計画的付与をすることにしました。年５日の年次有給休暇を労働者代表との労使協定で決定し、年間カレンダーにも記載して、従業員全員に配布しました。年間カレンダーの配布は、従業員の家族を安心させることにつながったようです。

STEP６　就業規則の作成および説明会

労働時間に関すること、休日に関すること、年次有給休暇に関すること等の社内のルールは、今まで明文化されたものがなかったので、今回を機に労働条件および会社のルール（服務規律）を就業規則として作成しました。さらに従業員説明会を開き、就業規則そのままではなく、イラスト等を入れつつ、特に大事な部分を抜粋した「従業員ハンドブック」を渡し、より理解を深められる工夫をしました。従業員も「いろいろなルールがわかってよかった」と話してくれ、仕事に対しても前向きになったように感じられました。

(2) 週休２日制を導入する事例

〈会社概要〉建材流通店（創業50年目／従業員40名）

〈現状〉

業務部、営業部、施工部の３部門があり、始業は８時30分、終業は17時30分の１日８時間勤務です。休日は日曜日、祝日および年末年始のみです。残業代は19時で打ち切られるので、新入社員は定時の17時半に業務を終了させ、役職者だけが毎日22時まで残業しています。また、年次有給休暇は勤続年数にかかわらず年10日のみ付与され、単年度でリセットされてしまい、労務管理について従業員から不満が出始めている状況でした。

〈働き方改革への取組み〉

STEP１　所定労働時間・休日の設定

現状、所定労働時間は１日８時間、休日は日曜日、祝日および年末年始のみであるため、１週間で考えた時に法定労働時間の１週40時間を上回る週ができてしまいます。そのため、法定をクリアできるよう検討していくことからスタートをしました。１つの方法として、１年単位の変形労働時間制を導入し、年間のカレンダーを作成して年間休日で調整することも考えました。ただ、この会社では、従業員から希望が挙がっていたこともあり、これを機会に土日を休日とした週休２日制を導入することに決定しました。土曜日をすべて休日としたため、今までの祝日は出勤日に変わりましたが、年間休日数が増えたことで従業員の満足度が高まりました。

ポイント

法律上義務付けられている休日は週1日で、祝日は法定休日ではありません。休日が多いことは働く人にとってはありがたいことですが、急激に休日だけ増やすと業務が回らなくなることもあるので、段階を踏みながら休日設定をしていきましょう。

STEP2　労働時間の適正把握

現状では残業代は19時で頭打ちにしています。会社としては適正に支払っていきたいものの、本当に支払いができるのかとても不安です。そのため、労働時間の実態の把握から取り掛かることにしました。

業務は所定労働時間内に終えることが大原則ですが、顧客からの電話、突発的な依頼事項、また繁忙期等で、通常の業務時間で終えることが難しい状況は必ずあります。そのため、残業する場合は、事前に申請させることにしました。ポイントは、申請書に残業の所要時間を記載してもらうことです。例えば「見積書作成を3件やらなくてはならないため1時間の残業をします」といった内容です。所要時間を記載することで、どの業務にどれくらい時間がかかるかを意識した働き方ができるようになりました。さらに、時間外労働に関して就業規則に明文化をしたことで、会社も従業員も時間に対する意識を持つようになりました。

また、今まで残業が頭打ちだったことで甘かった労働時間の終了時の打刻も徹底させました。

このような管理が習慣になったことで、本来の労働時間を把握することができ、すべての時間外労働に残業代を支払った場合の会社の負担額がわかるようになりました。そこで、今後はすべての残業代を支払っていくことになりました。

■就業規則　記載例

第〇条（時間外、休日および深夜勤務）
使用者は、業務の都合で、従業員に所定労働時間外、深夜（午後10時から午前5時）および第〇条に定める休日に勤務させることができる。但し、法定時間外労働および休日労働については労働基準法第36条に基づく協定の範囲内とする。
2. 前項但し書きの協定の範囲において、従業員は正当な理由なく所定労働時間外および休日の勤務を拒むことができない。
3. 従業員は、業務を所定労働時間内に終了することを原則とするが、仕事の進捗によりやむを得ず時間外労働・休日労働の必要があると自ら判断した場合は、事前に使用者に申し出て業務命令を受けなければならない。
4. 従業員が使用者の許可なく時間外労働・休日労働に出勤するも、労働の事実の確認（時間外労働の黙認を含む）をすることができない場合は、当該勤務に該当する部分の通常賃金および割増賃金は支払わない。

ポイント

最近「残業はできないと拒否する従業員がいるが、会社はそれを受け入れなくてはいけないのか？」といった相談をされます。就業規則記載例の第1項にある通り、従業員と会社は、時間外労働の上限を決める36協定を結ぶことができます。36協定の範囲内であれば、正当な理由なく残業を断ることはできないので、会社もやむを得ず残業が発生してしまう場合は、しっかりと残業の指示をしましょう。

STEP3　年次有給休暇の取得推奨

現状、年次有給休暇を付与しているものの、勤続年数にかかわらず10日を限度としていました。これは会社の長年の慣行でしたが、法律を理解していなかったことは問題です。

今回の取組みを機に、勤続年数に応じた年次有給休暇を付与するとし、単年度管理の年次有給休暇管理簿を作成しました。法律により、年次有給休暇は本人からの希望があれば取得させなくてはいけません。ただ、会社の運営として、同日に複数人が休暇を取得すると業務が回らなくなるため、通常の年次有給休暇は原則２労働日前まで、旅行等で連続休暇を取得する場合は遅くとも１週間前までに申請することと就業規則に定めました。また、偏った人だけが取得するのではなく、全員が取れる体制づくりのため、家族の誕生日は年次有給休暇推奨日とし、優先して休めるようにしました。推奨日のおかげで、今まで年次有給休暇の取得率の悪かった人たちも取得できるようになりました。

STEP４　業務改善プロジェクトチームを結成

この会社では、働き方改革を推進していくために「業務改善プロジェクトチーム」を発足させました。「そもそも働き方改革って何？」「私たちの職場はどのように変わっていかなくてはならないの？」そうした疑問を解決するため、問題点を整理するための組織です。メンバーは、会社による趣旨説明を受けて、自薦および他薦で選ばれました。

第１回目は、目的の共有として、社長からのメッセージの発信、働き方改革への理解の共有、プロジェクトでの活動内容を話し合いました。社長からのメッセージでは「現在のような厳しい状況下であっても、働く人たちがやりがいや幸せを感じて欲しいと思っています。そのためには今までのやり方を見直し、生産性の高い働き方をしていく必要があります。この法制度の変革に対応しながら、頑張った人、貢献をしてくれた人、チームを大切にしてくれる人、後輩を育ててくれた人などに対して、その成果が還っていくいくような仕組みを目指したいのです。」とありました。

この思いを受け、プロジェクトチームは「どんな会社にしたいか？」をテーマに話し合いをしました。すると、残業のない会社、年次有給休暇の取りやすい会社、給与の高い会社、お互いに協力できる会社、自分の仕事に自信を持

↓ てる会社など多くの意見が出てきました。この内容をベースにして、第2回目以降は、そのような会社になるための具体的な方法について検討をしていきました。

■残業のない会社にするための取組み事例

① 社内研修にて残業の原因を探る（► P.195　ワーク）

例）会議の時間が長い／見積ソフトが2つあり煩雑／資料が見つからない　等

② 出てきた課題を分類分けし、具体的対応策を検討

例）会議の時間が長い→必ずアジェンダを作成、時間を配分
見積ソフトが2つあり煩雑→ソフトの一本化
資料が見つからない→IT化について検討チームを発足

③ 時間を意識してもらうために時間外労働の申請制

④ ムダを省くために業務の見える化

⑤ 一部業務についてはアウトソーシング

STEP5　評価制度の検討と賃金制度の見直し

業務改善プロジェクトチームを中心に、業務の見える化（業務の洗い出し）を推進してきました。業務の見える化により、個々の業務およびそれぞれの役割が明確になり、時間軸の評価から能力・成果への評価に変化してきました。とはいえ、今まで長時間労働を美徳してきた会社が制度を急激に変えられるものではありません。そのため次のステップとして、評価項目や個々の役割をより具体的な内容に落とし込んでいきました。また、賃金制度においても、同一労働同一賃金に対応するため、従来の手当や賞与、退職金の基準などを見直すこととなりました。

Ⅲ　多様な働き方の検討

1 多様な働き方

多様な働き方とは、時間、場所、雇用形態に囚われない働き方のことをいいます。導入には、いくつか検討しなくてはいけない課題があります。例えば、正社員の定義です。終身雇用制度では、雇用期間の定めがない人が正社員とされていました。今後、多様な働き方が導入されれば、そもそも「正社員とは何か？」を社内で検討する必要があります。正社員一辺倒であった日本の企業では、業務が属人化されやすい傾向にありました。何の仕事に対して賃金を払うか、明確にしなくてはなりません。

今後さらに働き手が減少していくなかで、ライフステージに応じた多様な働き方を選べることが、定着率を上げるためには重要です。多様な働き方を導入するにあたっては、会社へのエンゲージメントをどのように高めていくかということを意識しましょう。

ここで多様な働き方の例をいくつか紹介します。

2 テレワーク

テレワークとは、働く場所が変わっただけで、通常と同じ業務をすることをいいます。しかしながらテレワークに適した業務とできない業務があるので、しっかりと業務の区分けする必要があります。また、場所が変わっただけで、通常の業務をするわけですから、始業や終業の連絡の仕方、業務指示の受け方などの取決めをする必要があります。さらに自宅等での作業になるので、通信費、ＰＣ、光熱費等経費についての取決めも必要です。

■テレワークのメリット・デメリット　[図表 7-18]

メリット	デメリット
・通勤時間が必要ない ・通勤による疲労・ストレスがなくなる ・通勤時間がなくなるので、家事や育児、介護などの時間を確保しやすい ・割り込み仕事が減らせる ・集中して仕事ができる	・始業・終業のメリハリが利かず、長時間労働になりやすい ・時間の"公私"があいまいだと、"ダラダラ""ながら仕事"になりやすい ・仕事関係者とのコミュニケーションがおろそかになりがち

3 週休3日正社員

大きく分けて3つのパターンがあります。変形労働時間制の導入も含め、各社の働き方に合ったパターンを検討していきましょう。

① 給与維持型

給与は同額で同じ仕事量→生産性の向上が必要

② 労働時間維持型

労働日の労働時間を延長→1か月単位の変形労働時間制等の設定が必要

例）通常　1日8時間×5日勤務＝40時間

　　　　　1日10時間×4日勤務＝40時間

③ 給与減額型

時間の割合により給与減額

例）通常　1日8時間×5日勤務　給与額30万円

　　　　　1日8時間×4日勤務　300,000円×4/5=240,000円

ポイント

導入にあたって検討すべきこと

・業務の見える化による仕事基準の給与体系の構築
・賞与、退職金等について、フルタイムとの違いを明確化
・報連相が滞らないようなコミュニケーションツールの導入

4 フレックスタイム制

フレックスタイム制とは、一定期間の総労働時間は設定されるものの、始業と終業の時間は本人が決めることのできる制度です。子育てや介護等で残業ができない人も、自分で就業時間をコントロールすることができるので、働きやすくなっています。

■フレックスタイム制のイメージ [図表 7-19]

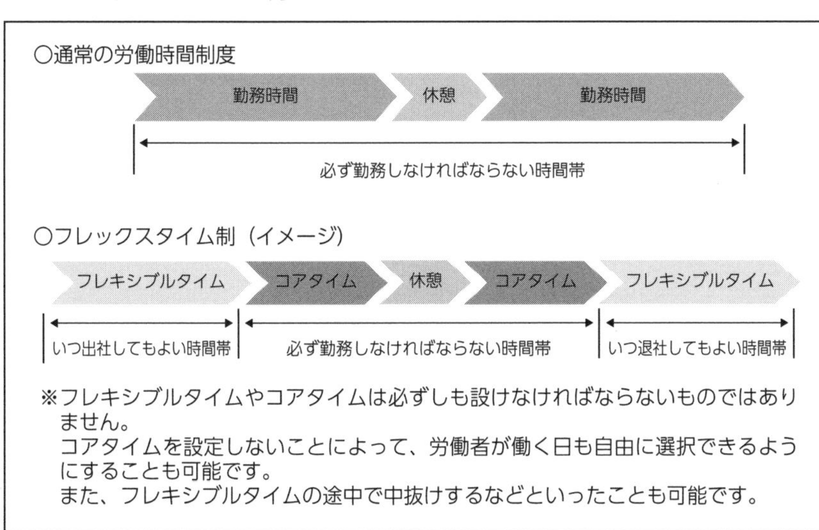

厚生労働省「フレックスタイム制のわかりやすい解説&導入の手引き」より

ポイント

フレックスタイム制の留意事項

清算期間における総労働時間と実際の労働時間との過不足に応じて、以下のように賃金の清算を行う必要があります。

[図表 7-20]

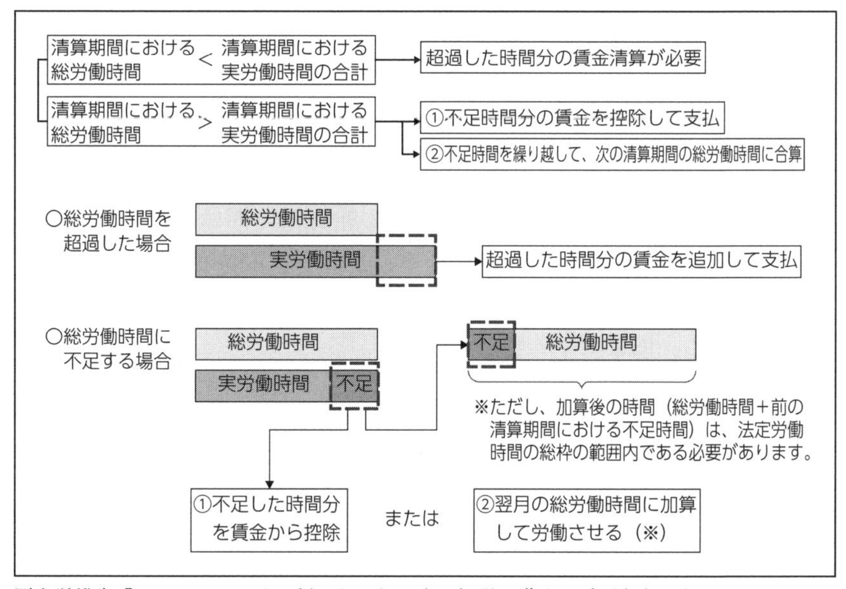

厚生労働省「フレックスタイム制のわかりやすい解説＆導入の手引き」より

ポイント

フレックスタイム制の清算期間

フレックスタイム制の清算期間の上限は3か月とされています。

■フレックスタイム制の精算期間のイメージ　［図表 7-21］

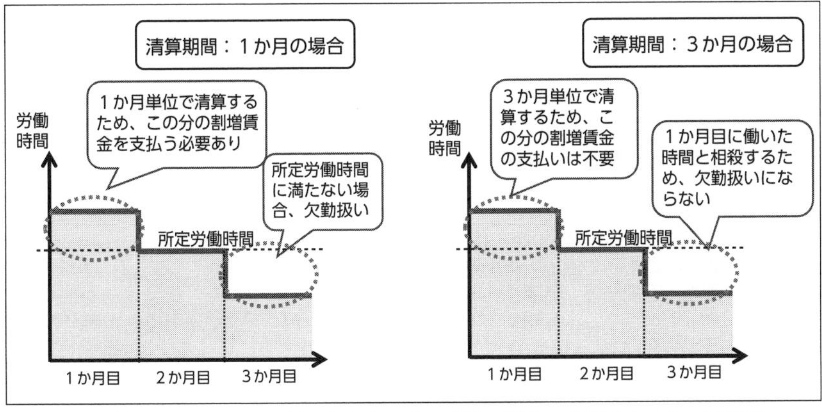

厚生労働省「フレックスタイム制のわかりやすい解説＆導入の手引き」より一部変更

5 兼業・副業

兼業や副業とは、本業の他に別の仕事をすることをいいます。働く側のメリットとしては、所得が増加するのは当然ですが、自分のキャリアや知識の幅を広げることができます。一方、会社側としては、長時間労働に対するリスクや情報漏洩のリスクが考えられます。ただ、今後は副業が増加していくことが考えられ、一方的に「禁止」するよりも、リスクを回避しながら、認めていく方法を検討していく必要があります。

そのため、従業員の副業を認める場合は、副業の許可申請書（►図表 7-22）として、もう一方の会社でどれくらいの時間を働くのかを申告させ、時間を把握するようにしましょう。情報漏洩等の観点からは、秘密保持誓約書（►図表 7-23）の提出を求めることをおすすめします。

■副業許可申請書　例

[図表 7-22]

副業許可申請書

____年____月____日

株式会社●●
代表取締役　●●　殿

(部署)
(氏名)________________印

私は、就業規則第●条に基づき、下記の通り副業の許可の申請をします。

記

1　副業の契約形態　　雇用（→２へ）／非雇用（自営、フリーランス等）（→３へ）
2　雇用形態による副業の場合
　⑴　副業先の名称等　　名称____________事業内容____________
　　　　　　　　　　　　本店所在地____________電話番号____________
　⑵　勤務予定場所____________________
　⑶　従事する予定の業務内容（職種等）____________________
　⑷　労働時間規制の適用　有／無（管理監督者等）
　⑸　勤務予定期間等　無期：__年__月__日～
　　　　　　　　　　　有期：__年__月__日～__年__月__日　更新可能性：無／有
　⑹　所定労働日 曜日：__________(週__日)
　⑺　所定労働時間_____時間
　　　　　　　　　　　(始業：__時__分～終業__時__分)
　　　　　　　　　　　休憩　__時__分～__時__分
　⑻　所定時間外労働　無／有（見込み：月__時間、最大：月__時間)
　⑼　法定休日　　　　曜日／定めなし
　⑽　副業の労働時間制　　通常／変形労働時間制／フレックスタイム制
　　　　　　　　　　　　　／事業場外みなし制／裁量労働制
3　非雇用形態による副業の場合
　⑴　副業の内容____________________
　⑵　副業を行う期間　__年__月__日～__年__月__日予定
　⑶　副業を行う曜日・時間　曜日：________(週__時間程度)
　⑷　副業を行う場所____________________
4　その他
　⑴　副業を希望する理由（差し支えなければ）
　⑵　その他特記事項
　□ 上記の内容に変更が生じた場合は、直ちに●●まで、お知らせします。
　□　就業規則第●条に定める事由があった場合、副業許可が取り消される場合があることを、了承します。
　□　私は、副業を行うにあたって、就業規則第●条ないし●条を遵守することを誓約します。

添付書類　　　求人票、機密保持誓約書

以上

田村　裕一郎「企業のための副業・兼業 労務ハンドブック 第２版」より一部変更

■秘密保持誓約書　例

［図表 7-23］

秘密保持誓約書

年　　月　　日

株式会社　　●●
代表取締役　●●　殿

（部署）
（氏名）　　　　　　　　　印

私は、副業を行うにあたり、秘密保持に関して、次の事項を誓約します。

1　私は、在職中に知り得た以下の各号の情報（以下「秘密情報」といいます）について、在職中のみならず、退職後においても、貴社の承諾なく、副業先を含む第三者に開示もしくは漏洩せず、または貴社の業務以外の目的に使用しません。

⑴　貴社が権利を有する著作権およびノウハウ等の知的財産権、工業所有権に関する情報

⑵　貴社の顧客または取引先の氏名、名称、連絡先および取引情報

⑶　貴社の商品およびサービスに関する営業、技術および価格に関する情報

⑷　貴社の経営、財務、人事等に関する情報、ならびに貴社の従業員および役員に関する個人情報

⑸　前各号の他、貴社が特に秘密保持対象として指定した情報

2　私は、貴社の企業情報管理規程において認められる場合を除き、秘密情報、および秘密情報を含む書類、電子記録媒体その他の物品について、外部への持ち出し、外部への送付、外部への送信をしません。

3　私が本秘密保持誓約書に違反した場合、私は貴社から秘密情報の返却、廃棄、削除、第三者への不開示、使用の停止、利用の停止、その他の侵害の停止等（以下「差止等」といいます）の請求を受けたときにはこれに応じること、および貴社から訴訟等の法的手続で差止等の請求を受けたときには差止等の請求に従うこと、ならびに本秘密保持誓約書に違反したことにより貴社が被った一切の損害を賠償することを約束します。

4　私が本秘密保持誓約書に違反した場合、貴社から懲戒処分を受けることがあることを理解しました。

5　私が本秘密保持誓約書に違反した場合、貴社が私の副業の許可を取り消すことまたは条件を付することに異議がありません。

6　第三者に対する秘密情報の開示もしくは漏洩等またはそのおそれが発覚した場合、開示または漏洩した者が私であるか否かにかかわらず、私は、貴社が行う一切の調査に協力することを約束します。

以上

田村 裕一郎「企業のための副業・兼業 労務ハンドブック 第２版」より一部変更

6 高齢者の活用

現在は65歳までの雇用確保が義務化されていますが、現実的に65歳で完全に仕事を離れてしまっていいのでしょうか。令和３年度の調査によると、日本人の平均寿命は男性81.47歳、女性87.57歳となっています。65歳で退職となると、男性で約20年、女性で約25年近く仕事から離れることになります。

それぞれのライフスタイルがあるため、一律に定年を伸ばすことが会社にとっても働く人にとってもよいとはいえません。また、「新陳代謝が必要だから辞めてもらったほうがよい」と考える人もいるでしょう。

しかし、定年退職以降の元気な高齢者には、役割を変えて組織に関わってもらうことが望ましいです。例えば、現場での仕事は体力的に難しくても、新人の教育係や、今までの経験を活かした専門的な仕事に特化をしてもらってはどうでしょうか。また時間についても、それぞれのペースにあった働き方を検討していく必要があると思います。

7 女性の活用

建設業界は他業種に比べてまだまだ女性の活用が少ないように思えます。理由の１つに、男性社会の建設業界において、女性は男性のサポート役の仕事が中心であったことが考えられます。そのため、社内に女性が活躍できるようなキャリアパスが用意されていないケースが多いのです。また、稀にいる女性の管理職は、男性と同じように働いてきた、いわゆるキャリアウーマンであるため、普通にキャリアを積んで管理職に上がっていくモデルがあまりいないというのも実態です。

女性社員の活用のためには、女性にも能力を発揮できるような仕事を与えていくことが不可欠になります。今後は、女性だから男性だからということではなく、それぞれの業務についてキャリアアップのイメージを描けるようにしていきましょう。そうでないと、能力があるにもかかわらず、いつまでもサポート業務しかやらせてもらえない、この会社にいても自分がどうやって成長できるかわからない、自分のキャリアを築けないと感じ、退職につながるケースが多いのです。
キャリアを積んでいけるような仕事の例として、現場の技術者の仕事であれば、会社に戻ってから安全管理資料の作成や、施工体制台帳の整備があるかと思います。こうした工事書類の専門職としての業務を任せることができれば、会社全体の残業時間も削減できますし、今まで単なるサポート的な業務であったところから一歩専門的なところに踏み込むことで、やりがいを感じることができるはずです。
また、単に女性の技術者を増やすだけでは不十分です。なぜなら、属人化しやすい仕事だったことで、出産や育児を機に離れてしまうケースもよくあるからです。せっかくの女性技術者がそのキャリアを活かせるよう、情報共有、働き方等も見直していきましょう。
女性社員の活用のためにも、再度社内の業務を細分化し、新たなステージをつくっていくことが重要です。

Ⅳ 会社のブランド力を高める

1 会社のアピールポイント

女性活躍推進法の「えるぼし」、次世代法の「くるみん」、若者雇用促進法の「ユースエール」といったマークは、国から特定の認定を受けたことの証明となります。定着率を上げていくために、これらのマークを取得し、自社のアピールポイントにするとよいでしょう。さらに令和5年の改正で、経審のW点の加点に「ワーク・ライフ・バランス」の項目が追加されました。上記3つのマーク取得は加点の対象となります。

社内でプロジェクトチームを作り、マーク取得に取り組むことで、問題点の発見につながります。時間外労働の削減とは無関係にみえますが、いずれのマークも長時間労働が行われている会社は取得できません。マーク取得を目標にして業務改善を進めるのも1つの方法です。

2 えるぼし

えるぼしとは、女性活躍推進法に基づき、女性の活躍を推進している企業が取得できるマークです。えるぼしの「える」とは、Lady（女性）・Labor（労働）・Lead（手本）・Laudable（称賛）の頭文字です。

■えるぼし認定の基準

女性の職業生活における活躍の状況に関する実績に係る基準	
1．採用	・男女別の採用における競争倍率が同程度 ・直近の事業年度において、正社員に占める女性労働者の割合が産業ごとの平均値以上　等
2．継続就業	「女性労働者の平均継続勤続年数」÷「男性労働者の平均継続勤続年数」が7割以上　等
3．労働時間等の働き方	直近の事業年度の各月ごとの残業時間が45時間未満
4．女性の管理職比率	直近の事業年度において、管理職に占める女性労働者の割合が産業ごとの平均値以上　等
5．多様なキャリアコース	・女性の非正規社員から正社員への転換 ・過去に在籍した女性の正社員としての再雇用 ・概ね30歳以上の女性の正社員としての採用　等

■えるぼし

認定には、満たしている基準の数によって3つの段階があります。

[図表 7-24]

えるぼし（1段階目）	・女性の職業生活における活躍の状況に関する実績に係る基準のうち1つまたは2つの基準を満たし、その実績を「女性の活躍推進企業データベース」に毎年公表していること。 ・満たさない基準については、事業主行動計画策定指針に定められた取組みの中から当該基準に関連するものを実施し、その取組みの実施状況について「女性の活躍推進企業データベース」に公表するとともに、2年以上連続してその実績が改善していること。
えるぼし（2段階目）	・女性の職業生活における活躍の状況に関する実績に係る基準のうち3つまたは4つの基準を満たし、その実績を「女性の活躍推進企業データベース」に毎年公表していること。 ・満たさない基準については、事業主行動計画策定指針に定められた取組みの中から当該基準に関連するものを実施し、その取組みの実施状況について「女性の活躍推進企業データベース」に公表するとともに、2年以上連続してその実績が改善していること。
えるぼし（3段階目）	・女性の職業生活における活躍の状況に関する実績に係る基準の5つの項目すべてを満たし、その実績を「女性の活躍推進企業データベース」に毎年公表していること。

■プラチナえるぼし

えるぼし認定企業のうち、一般事業主行動計画の目標達成や女性の活躍推進に関する取組みの実施状況が特に優良である等の一定の要件を満たした場合に認定されます。

［図表 7-25］

プラチナ えるぼし 	・策定した一般事業主行動計画に基づく取組みを実施し、当該行動計画に定めた目標を達成したこと。 ・男女雇用機会均等推進者、職業家庭両立推進者を選任し、その選任状況を「女性の活躍推進企業データベース」に毎年公表していること。 ・女性の職業生活における活躍の状況に関する実績に係る基準の５つの項目すべてを満たし、その実績を「女性の活躍推進企業データベース」に毎年公表していること。 ・女性活躍推進法に基づく情報公表項目（社内制度の概要を除く）のうち、８項目以上を毎年「女性の活躍推進企業データベース 」で公表していること 。

■えるぼし取得のステップ

STEP１　一般事業主行動計画の策定・届出

・自社の女性活躍に関する状況の把握、課題分析
・一般事業主行動計画の策定、社内周知、外部公表
・一般事業主行動計画を策定した旨を都道府県労働局へ届出
・取組みの実施、効果の測定

STEP２　女性の活躍に関する情報公表

自社の女性活躍に関する状況について、「女性の活躍推進企業データベース」や自社のHP等に公表します。

※常時雇用する労働者が101人以上の事業主は義務、100人以下の事業主は努力義務です。

STEP３　えるぼしの認定申請

行動計画の策定・届出を行った事業主のうち、女性の活躍推進に関する状況が優良である等の一定の要件を満たした場合に認定されます。

■一般事業主行動計画とは

一般事業主行動計画とは、事業主が従業員の仕事と子育ての両立を図るための雇用環境の整備や、子育てをしていない従業員も含め

た多様な労働条件の整備などに取り組むにあたって、①計画期間、②目標、③目標を達成するための対策の内容と実施時期を具体的に盛り込み策定するものです。

次世代法に基づき、企業は、従業員の仕事と子育てに関する「一般事業主行動計画」を策定することとなっています。常時雇用する従業員が101人以上の企業は、行動計画の策定と都道府県労働局への届出が義務とされています（100人以下の企業は努力義務）。

3 くるみん

くるみんとは、次世代法に基づき、一般事業主行動計画を策定した企業のうち、計画に定めた目標を達成し、一定の基準を満たした企業が申請を行うことによって取得できるマークです。「子育てサポート企業」として、厚生労働大臣から認定（くるみん認定）されます。

認定を受けた企業は、厚生労働大臣が定める認定マーク「トライくるみん・くるみん」または「プラチナくるみん」を商品などに付すことができます。学生や社会一般へのイメージアップや優秀な従業員の採用・定着などにつながります。

■くるみん認定の基準

1. 雇用環境の整備について、行動計画策定指針に照らし適切な行動計画を策定したこと。
2. 行動計画の計画期間が、2年以上5年以下であること。
3. 策定した行動計画を実施し、計画に定めた目標を達成したこと。
4. 策定・変更した行動計画について、公表および労働者への周知を適切に行っていること。
5. 次の①または②のいずれかを満たしていること。
   ① 計画期間において、男性労働者のうち育児休業等を取得した者の割合が10%以上であること。
   ② 計画期間において、男性労働者のうち、育児休業等を取得した者および企業独自の育児を目的とした休暇制度を利用した者の割合が、合わせて20%以上であり、かつ、育児休業等を取得した者が1人以上いること。

6. 計画期間において、女性労働者の育児休業等取得率が、75%以上であること。
7. 3歳から小学校就学前の子どもを育てる労働者について「育児休業に関する制度、所定外労働の制限に関する制度、所定労働時間の短縮措置または始業時刻変更等の措置に準ずる制度」を講じていること。
8. 次の①と②のいずれも満たしていること。
　なお、認定申請時にすでに退職している労働者は①・②のいずれも、分母にも分子にも含みません。
　① フルタイムの労働者等の法定時間外・法定休日労働時間の平均が各月45時間未満であること。
　② 月平均の法定時間外労働60時間以上の労働者がいないこと。
9. 次の①～③のいずれかの措置について、成果に関する具体的な目標を定めて実施していること。
　① 所定外労働の削減のための措置
　② 年次有給休暇の取得の促進のための措置
　③ 短時間正社員制度、在宅勤務、テレワークその他働き方の見直しに資する多様な労働条件の整備のための措置
10. 法および法に基づく命令その他関係法令に違反する重大な事実がないこと。

■トライくるみん・くるみん

[図表7-26]

■プラチナくるみん

[図表7-27]

くるみん認定をすでに受け、相当程度両立支援の制度の導入や利用が進み、高い水準の取組みを行っている企業として認定を受けた証が「プラチナくるみんマーク」です。

■くるみん取得のステップ

STEP 1　一般事業主行動計画の策定

・計画期間を決める
・目標を決める
・目標達成のための対策とその実施期間を決める

STEP 2　一般事業主行動計画の周知

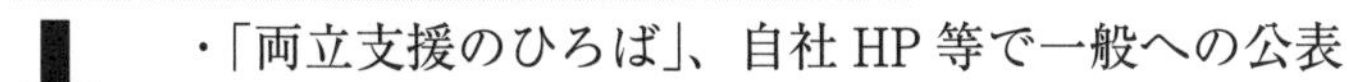

・「両立支援のひろば」、自社 HP 等で一般への公表
・メールや社内のイントラネットを使い従業員へ周知

STEP 3　一般事業主行動計画を都道府県労働局雇用環境・均等部（室）へ届出

STEP 4　一般事業主行動計画の実施

・一般事業主行動計画に掲げた対策を実施

STEP 5　くるみん認定の申請

■両立支援のひろばとは

厚生労働省が運営するウェブサイト「両立支援のひろば」に、一般事業主行動計画・取組みを登録することができます。ここでは、他社の計画を見ることもできるので、同業他社の行動計画を参考にしてみましょう。現在の登録は約 12 万社です。

HP ► https://ryouritsu.mhlw.go.jp/

4 ユースエール

ユースエールとは、若者雇用促進法に基づき、若者の採用・育成に積極的で、若者の雇用管理の状況などが優良な中小企業（常時雇用する労働者が 300 人以下の事業主）が、厚生労働大臣から「ユースエール認定企業」として認定されたことを示すマークです。認定には、12 個の基準を満たしている必要があります。

ユースエールに認定されると、様々な支援を受けられるなどのメリットがあります。

■５つのメリット

① ハローワークなどで重点的PRを実施

「わかものハローワーク」や「新卒応援ハローワーク」などの支援拠点で認定企業を積極的にPRすることで、若者からの応募増が期待できます。

また、厚生労働省が運営する、若者の採用・育成に積極的な企業などに関するポータルサイト「若者雇用促進総合サイト」などにも認定企業として企業情報が掲載され、会社の魅力を広くアピールすることができます。

② 認定企業限定の就職面接会などへの参加が可能

各都道府県労働局・ハローワークが開催する就職面接会などについて積極的な案内があり、正社員就職を希望する若者などの求職者と接する機会が増え、適した人材の採用を期待できます。

③ 自社の商品、広告などに認定マークの使用が可能

認定企業は、ユースエール認定マークを、商品や広告などに付けることで、ユースエール認定を受けた優良企業であるということを対外的にアピールできます。

④ 日本政策金融公庫による融資制度

株式会社日本政策金融公庫（中小企業事業・国民生活事業）において実施されている「働き方改革推進支援資金」を利用する際、基準利率から－0.65％での融資を受けることができます。

※基準利率は、令和５年３月１日現在（期間５年以内）で中小企業事業1.20％です。

※貸付期間、担保の有無などに応じて異なる利率が適用されます。

⑤　公共調達における加点評価

公共調達のうち、価格以外の要素を評価する調達（総合評価落札方式・企画競争方式）を行う場合は、契約内容に応じて、ユースエール認定企業を加点評価するよう、国が定める「女性の活躍推進に向けた公共調達及び補助金の活用に関する取組指針」において示されています。

※加点評価の詳細は、公共調達を行う行政機関によって定められています。

■ユースエール認定の主な基準

1. 学卒求人など 、若者対象の正社員の求人申込みまたは募集を行っていること。
2. 若者の採用や人材育成に積極的に取り組む企業であること。
3. 以下の要件すべてを満たしていること。
   - 「人材育成方針」と「教育訓練計画」を策定していること
   - 直近 3 事業年度の新卒者などの正社員として就職した人の離職率が 20%以下
   - 前事業年度の正社員の月平均所定外労働時間が 20 時間以下かつ、月平均の法定時間外労働 60 時間以上の正社員が 1 人もいないこと
   - 前事業年度の正社員の有給休暇の年間付与日数に対する取得率が平均 70%以上または年間取得日数が平均 10 日以上
   - 直近 3 事業年度で男性労働者の育児休業等取得者が 1 人以上または女性労働者の育児休業等取得率が 75%以上
4. 以下の青少年雇用情報について公表していること。
   - 直近 3 事業年度の新卒者などの採用者数・離職者数、男女別採用者数、平均継続勤務年数
   - 研修内容、メンター制度の有無、自己啓発支援・キャリアコンサルティング制度・社内検定等の制度の有無とその内容
   - 前事業年度の月平均の所定外労働時間、有給休暇の平均取得日数、育児休業の取得対象者数・取得者数（男女別）、役員・管理職の女性割合

■ユースエール　[図表 7-28]

V　助成金の活用

※令和5年11月時点の情報に基づいています。

厚生労働省からは多くの助成金が出ていますが、建設事業主が使いやすい助成金について何点かご案内します。ほぼすべての助成金申請にあたって、対象労働者の①雇用契約書、②出勤簿、③賃金台帳と就業規則が必要となります。申請先は都道府県労働局またはハローワークです。

1 キャリアアップ助成金

[図表 7-29]

コース名	内　容	助成金額	要　件
正社員化コース	有期雇用労働者を正規雇用労働者に転換	1人 2期（12か月） 80万円 1期（6か月） 40万円	・有期期間6か月以上＋正社員転換後6か月 ・正社員転換時に、固定的賃金3％以上アップ ・キャリアアップ計画書の事前届出

2 トライアル雇用助成金

[図表 7-30]

コース名	内　容	助成金額	要　件
一般トライアルコース	就職困難な求職者をハローワーク等の紹介により雇用	1人4万円×3か月	・トライアル雇用求人の登録 ・トライアル雇用実施計画書作成 ・3か月間の試行雇用
若年・女性建設労働者トライアルコース	35歳未満や女性を対象として試行雇用	1人4万円×3か月 （一般トライアルコースの上乗せ）	・一般トライアルコースの支給決定を受けていること

※トライアル雇用の対象労働者の例
- 過去2年以内に、2回以上離職・転職を繰り返している
- 離職期間が1年を超えている
- 55歳未満で、ハローワーク等で個別支援を受けている　等

3 人材開発支援助成金

[図表 7-31]

コース名	内　容	助成金額	要　件
建設労働者認定訓練コース	認定職業訓練のうち、建設関連の訓練を実施	・対象経費の1/6 ＋ ・1人1日3,800円	・都道府県から認定訓練助成事業費補助金または広域団体認定訓練助成金の交付を受けて、認定訓練を行うこと ・労働者に対して認定訓練を受講させ、その期間の賃金を払うこと ・人材開発支援助成金（人材育成支援コース）の支給決定を受けていること
建設労働者技能実習コース	若年者の育成と熟練技能の維持・向上を図るため、キャリアに応じた技能講習等を実施	・経費の3/4~7/10 ＋ ・1人1日7,600円	・労働者に、助成対象となる技能講習を受講させること ・受講料は事業主負担、講習期間中の賃金を支払うこと

4 人材確保等支援助成金

[図表 7-32]

コース名	内　容	助成金額	要件（例）
若年者及び女性に魅力ある職場づくり事業コース（建設分野）	若年者、女性労働者の入職や定着を目的とした事業を実施	経費の3/5～9/20	・啓発活動（インターンシップ等） ・入職内定者への教育訓練 ・表彰制度 ・雇用管理研修、職長研修実施
作業員宿舎等設置助成コース（建設分野）	女性専用の作業員施設を整備	女性専用の作業員施設の対象経費の3/5	・更衣室、浴室、トイレ、シャワー室等の設置

5 働き方改革推進支援助成金

[図表 7-33]

コース名	内　容	助成金額	要　件
適用猶予業種等対応コース（建設業）	支給対象となる取組みの実施	150～250万円	成果目標の達成 ・月60時間超の時間外労働縮減 ・月所定休日の増加 ・賃金額の増加（3%～5%以上）

※対象となる取組みの例
- 労働者に対する研修、周知・啓発
- 就業規則・労使協定等の作成・変更
- 労務管理用ソフトウェアの導入・更新　等

Ⅵ　経営者の決断

1 発想を下請から経営者へ転換

重層下請構造が常態化した現場では「仕事を請ける」という感覚が強く、「経営者」の自覚を持っている人が少ないように感じられます。しかし、従業員が1名でもいれば、その人は経営者です。確かに業務的には経営者も作業員も同じ仕事をしているかもしれませんが、給与を支払う人は経営者であることを自覚する必要があります。例えば、年次有給休暇に関しては法律上決まっていることであるため、「元請にもらっていないから作業員たちに払えない」ではなく、経営者であれば当然、年次有給休暇を見越した分の給与設定をすべきなのです。

労働法に関することはもちろんですが、経営者として「自社はどうなっていくか？」を考える必要があります。人材不足のなか、利益率を考えて仕事を選ぶ必要があるかもしれません。単価を考えずにとりあえず目の前にきた仕事を請け、休みがとれないようであれば、従業員は疲弊し、会社を辞めていくことも考えられるからです。休日を確保し、メリハリある労働環境をつくることで、従業員のモチベーションを維持する必要があるでしょう。

また、コロナ禍のような仕事がなくなる事態が起きたとき、「助成金をもらって休ませよう」と思うのか「こんな時期だからこそ教育をやっていこう」と思うのかで、その会社の今後のポテンシャルが大きく変わっていきます。チャンスの対の言葉は「準備」です。

働き方改革への対応は経営戦略だと考えましょう。時間外労働の削減は、単に週休2日を導入することではありません。週休2日を確保した上で、利益を維持するためには、業務改善や新たな試みをする必要があります。今までなかった年次有給休暇を実施すること、支払いをしていなかった残業代を支払うことなどは当たり前なのですが、最初は本当に大変だと思います。しかし、実施すると決めたら、どのようにやっていくかを考えるしかないのです。他業種では当たり前に行われていることをやっていかなければ、ますます若い人たちの建設業離れが進んでいってしまいます。私たちが魅力ある建設業の第一歩をつくっていきましょう。そのために重要なのは「経営者の覚悟」です。

2 経営者として考えるべきこと

経営者には、会社を方向付けするという仕事があります。「CCUSの登録をしなくちゃいけない」「働き方改革に対応なんてできない」といった話をよく耳にしますが、本来の目的を考えましょう。建設キャリアアップシステム（CCUS）や働き方改革は、外部環境の一因であってこれが目的ではありません。最終的な目的は「担い手の確保」です。そのために、労働環境の改善や、建設労働者の適正な能力評価による処遇を改善していくことで、建設就労者を増やす必要があります。

そして、周りに惑わされず、自社の経営理念を考えてみてください。今は時代の変化も速く、経営の舵取りが難しい時代になってきています。社長が「いい車に乗りたい」「お金持ちになりたい」では従業員はついてきません。本来の会社の目的を考える時期がきています。

［図表 7-34］

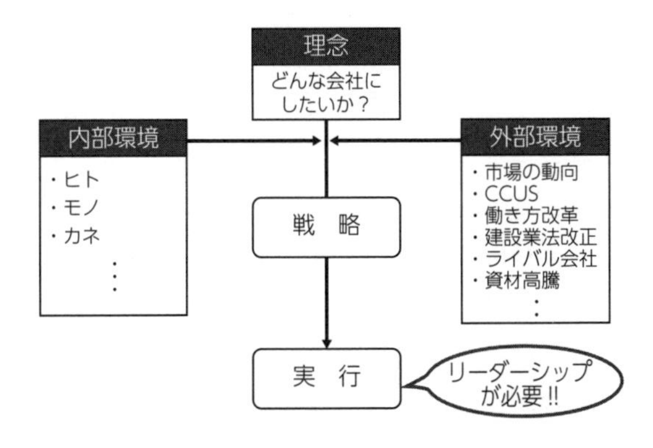

第7章
働き方改革実現のために

3 モチベーションアップ

やる気には、内的モチベーションと外的モチベーションがあります。

内的モチベーションとは、仕事へのやりがいのことをいいます。建設業には大きな役割がたくさんあります。例えば、地域の担い手としてインフラを支えたり、オリンピックの競技場のような記録に残る建築物に携わったりすることができます。また子供の頃からものづくりが好きだった人にとっては、自分の思いを形にすることもできるでしょう。この内的なモチベーションについては、各社が自社の強みを考えながら検討をしてみてください。

そして外的モチベーションとは労働条件、報酬、福利厚生等のことをいいます。働き方改革への対応を迫られている現在は、外的モチベーションを整えていく絶好のチャンスの時期なのです。人手不足は建設業だけの話ではないことを念頭に置き、同業種だけでなく、他業種とも比較してください。この時期に乗り遅れないよう、環境整備をしていきましょう。

4 教育の重要性

「見て覚えろ」の文化が強い業界ですが、定着率の高い会社はしっかりとした教育をしています。ただ教育には時間がかかり、小規模な事業所では難しいのが現実です。そのため、基本的な知識もないまま現場に出させられ、新人は何もわからないために不安になる、教える先輩は「こんなこともわからないのか」とイライラする、新人はさらに聞きづらくなり、会社を辞めていくという悪循環を繰り返してしまうのです。確かに自分で考え、目で見て盗むことで身に付く仕事も多いかと思いますが、基本的なことはしっかり教えていくことが人材定着には重要です。

働き方改革は「生産性向上」を目的としています。生産性を向上させるために教育は必須です。今や、会社に長く在籍することで実力が付く終身雇用の時代ではなくなりました。さらに技術はものすごい速さで進化しています。自社だけでの教育が難しければ、職業訓練校や専門工事業団体などの研修等も活用していきましょう。

コラム

活用できる職業訓練校・専門工事業団体などの研修等

・認定職業訓練校

HP ► https://www.mhlw.go.jp/stf/seisakunitsuite/bunya/koyou_roudou/jinzaikaihatsu/training_employer/nintei/index.html

・東京大工塾　HP ► https://www.tokyo-daiku-jyuku.com/

・ポラス建築技術訓練校　HP ► https://www.polus.co.jp/kunrenkou/

・住友林業建築技術専門学校　HP ► https://sfc.jp/kgs/

・公益社団法人金沢職人大学校　HP ► https://k-syokudai.jp/

・大林組林友会教育訓練校　HP ► http://www.kunrenko.com/

・鹿島事業協同組合連合会　HP ► https://kajima-kyoren.com/

[図表 7-35]

[図表 7-36]

[図表 7-37]

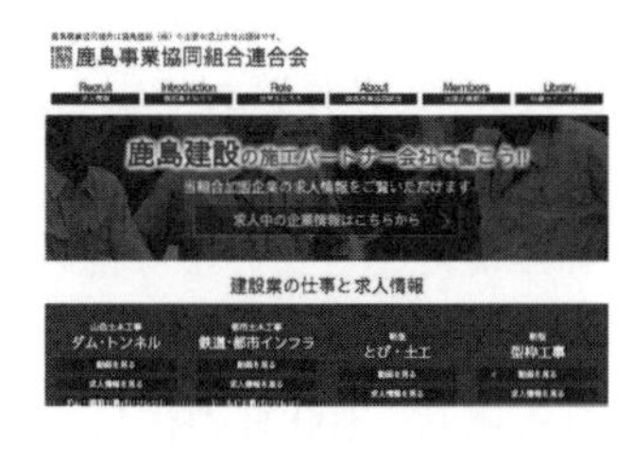

5 最終的な目的は「担い手確保」

建設業の労務管理における最終的な目的は「担い手確保」です。業界の常識、今までのやり方にこだわるのではなく、若者に選ばれる「職業」にするために、改めて考えていく必要があります。

働き方改革は単なる通過点に過ぎません。しかし、これを超えられないようでは他産業に人材は奪われてしまいます。人材不足はどの業界でも同じです。そしてこれだけインターネットが普及するなかで、選ぶ人（若者）は、建設業の中で会社を選ぶのではなく、もっと大きな意味の「職業」の中で選択するのです。ということは、同業との比較ではなく、他産業と比較してどれだけ魅力的になれるかということが重要になります。

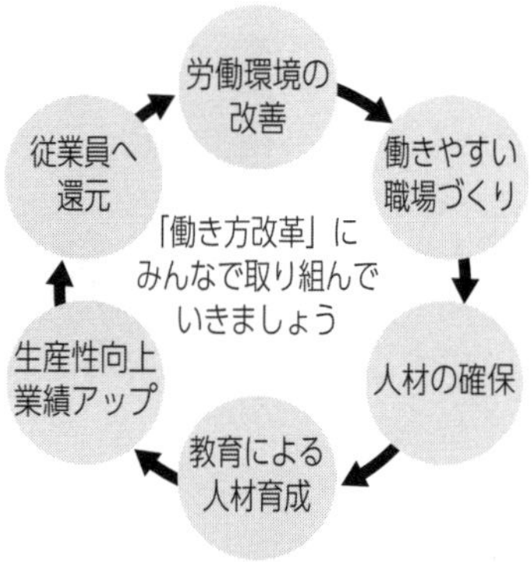

労働環境整備は働く上での最低条件ですから、ここから初めの一歩を踏み出していきましょう。労働環境が改善して人材が定着するようになったら、働き方改革の本来の目的である「生産性向上」に向けて、人材の教育に取り組んでいきます。人材が成長したら、次の労働環境改善として何ができるかを考えましょう。

［図表 7-38］

労働環境の改善
働きやすい職場づくり
人材の確保
教育による人材育成
生産性向上 業績アップ
従業員へ還元
「働き方改革」にみんなで取り組んでいきましょう

弊所の顧問先でも、年間休日が88日の事業所がありました。このままでは求人票を出してもなかなか人がこないということから、休日目標「100日」を掲げ、休日が増えても残業にならないように社内で業務改善を実施しました。置場での片付けをシフト制にする、日報作成にはアプリを活用する等の小さな取組みを実施し、100日の休日を実現させることができました。現在は、「110日」を目標とした業務改善に取り組んでいます。「できない」ではなく、「どうしたらできるのか」を考え、労働環境改善の好循環をまわしていきましょう。

最後に

今、建設業界は大きな転換期にきています。社会保険未加入問題、建設キャリアアップシステム（CCUS）の普及、働き方改革等に対する取組みが進められ、重層下請構造、規制逃れのための一人親方といったこれまでの業界の在り方が通用しなくなってきています。「持続可能な建設業にむけた環境整備検討会」のとりまとめ（案）を見ても、業界が大きく変わっていくことを感じます。

ここで忘れてはならないのは、最終的な目的は「担い手確保」だということです。若者が入職したくなるような魅力あふれる新 3K（給与・休暇・希望）、さらに「かっこいい」を加えた 4K の産業になるためには、変化が必要なのです。

「働き方改革」は、労働環境を整える絶好のチャンスです。労働環境を整えることは、若年者を入職させ、定着させるための第一歩となります。そして労働環境が整ったとしても、次には教育、評価、業務改善等まだまだやることは山積みです。今までの習慣を変えるということは会社の風土を変えることでもあり、すぐにはうまくいかないでしょう。しかしながら課題を１つひとつクリアしていくことで、確実に変わっていきます。小さな１歩で構いません。まず行動をしていきましょう。

また、建設業で働く人たちの意識改革も重要です。日々工期に追われる現場では、工期を厳守することが大事で、どこか「残業は仕方がない」「残業をしなければ終わらない」という感覚があるのだと思います。また、長時間労働を美徳とする傾向がある人事制度や、本人任せで業務が属人化しがちになる風土を変えていく必要があります。

工期が絡む問題は自社だけで解決することは難しく、発注者の協力が欠かせません。さらに、一人親方問題など、業界全体で取り組まなくてはいけない問題が山積しています。会社として取り組むべき問題、業界として取り組むべき問題、それぞれの役割の中で、業界全体として「魅力ある建設業」にしていくために進んでいきましょう。

建設業界の仕組みと労務管理

令和6年 1 月20日　初版発行
令和6年 6 月20日　初版2刷

日本法令®

〒101－0032
東京都千代田区岩本町1丁目2番19号
https://www.horei.co.jp/

検印省略

著　者　櫻　井　好　美
発行者　青　木　鉱　太
編集者　岩　倉　春　光
印刷所　日本ハイコム
製本所　国　宝　社

（営　業）　TEL　03-6858-6967　　Eメール　syuppan@horei.co.jp
（通　販）　TEL　03-6858-6966　　Eメール　book.order@horei.co.jp
（編　集）　FAX　03-6858-6957　　Eメール　tankoubon@horei.co.jp

（オンラインショップ）　https://www.horei.co.jp/iec/
（お詫びと訂正）　https://www.horei.co.jp/book/owabi.shtml
（書籍の追加情報）　https://www.horei.co.jp/book/osirasebook.shtml

※万一、本書の内容に誤記等が判明した場合には、上記「お詫びと訂正」に最新情報を掲載しております。ホームページに掲載されていない内容につきましては、FAXまたはEメールで編集までお問合せください。

ISBN 978－4－539－73015－7